非道路柴油移动机械国四标准实施要点研究

尹　航　陈大为　关　敏　王明达　滕　琦　主编

中国环境出版集团·北京

图书在版编目(CIP)数据

非道路柴油移动机械国四标准实施要点研究 / 尹航等主编 . —北京：中国环境出版集团，2023.8

ISBN 978-7-5111-5564-1

Ⅰ. ①非… Ⅱ. ①尹… Ⅲ. ①柴油机—工程机械—污染物排放标准—研究 Ⅳ. ① X-652

中国国家版本馆 CIP 数据核字（2023）第 135022 号

出 版 人 武德凯
责任编辑 殷玉婷
封面设计 宋 瑞

出版发行 中国环境出版集团
（100062 北京市东城区广渠门内大街 16 号）
网 址：http: //www.cesp.com.cn
电子邮箱：bjg1@cesp.com.cn
联系电话：010-67112765（编辑管理部）
010-67112736（第五分社）
发行热线：010-67125803，010-67113405（传真）

印 刷 玖龙（天津）印刷有限公司
经 销 各地新华书店
版 次 2023 年 8 月第 1 版
印 次 2023 年 8 月第 1 次印刷
开 本 787 × 1092 1/16
印 张 10.5
字 数 201 千字
定 价 79.00 元

编委会

主　编：尹　航　　陈大为　　关　敏
　　　　王明达　　滕　琦

编　委：张海燕　　伊　飞　　付雨民
　　　　王宏丽　　李　刚　　王鲁昕
　　　　刘顺利　　黄德军　　田茂军
　　　　张　晓　　钱立运　　季　欧
　　　　肖　寒　　鲁嘉欣

章节作者

第 1 章　概述	伊　飞　刘顺利
第 2 章　环保信息公开	钱立运　伊　飞
第 3 章　型式检验要求	王明达　付雨民
第 4 章　型式检验流程	付雨民　黄德军
第 5 章　型式检验扩展条件	关　敏　田茂军
第 6 章　钒基 SCR 机械要求	张海燕　张　晓
第 7 章　生产一致性	滕　琦　王明达
第 8 章　在用符合性	王鲁昕　滕　琦
第 9 章　确认检查	季　欧　关　敏
第 10 章　非道路移动机械及发动机豁免备案	鲁嘉欣　滕　琦
第 11 章　非道路移动机械排放远程监控要求	李　刚　吉　喆
第 12 章　非道路移动机械排放远程监控联网操作流程	王宏丽　肖　寒

PREFACE 前言

非道路移动机械种类繁多、应用领域广泛，包括工程机械、农业机械、园林机械、发电机组、渔业机械和机场地勤设备等，其中工程机械和农业机械占比最高。《中国移动源环境管理年报（2022 年）》数据显示，工程机械和农业机械的 NO_x 和 PM 排放量分别达到 310.8 万 t（约为移动源 NO_x 排放总量的 29%）和 16.7 万 t（约为移动源 PM 排放总量的 55%）。为贯彻落实《中华人民共和国大气污染防治法》（以下简称《大气法》），进一步加强对非道路移动机械的污染防治，2022 年 12 月 1 日起，全国实施非道路柴油移动机械第四阶段标准（以下简称国四标准），禁止生产、进口和销售不符合国四标准要求的 560 kW 以下（含 560 kW）非道路柴油移动机械及柴油机。

国四标准的实施推动我国非道路移动机械排放污染控制迈向新阶段。一是提升排放控制技术。选择性催化还原装置（SCR）和颗粒捕集器（DPF）等先进排放控制技术在非道路移动机械领域的应用大幅度提升，促进柴油机及相关零部件行业进一步发展。二是提升环境监管效果。通过远程监控排放控制系统运行状况，保证其在实际使用过程中正常发挥作用，防止污染控制装置失效或遭到破坏。三是提升产品国际竞争力。排放控制水平与技术要求与欧盟、美国现阶段标准相当，实现同国际接轨，同时在整机实际排放测试等方面更加先进。四是提升空气环境质量贡献。NO_x、HC 和 PM 排放限值均有所提升。据测算，到 2025 年将减排 NO_x 37.5 万 t、PM 3.2 万 t，减排比例分别达到 12.5% 和 19.3%。

本书从国四标准实施应对角度出发，对环保信息公开、型式检验要求及流程、型式检验扩展条件、钒基SCR机械要求、生产一致性、在用符合性、确认检查、非道路移动机械及发动机豁免备案和非道路移动机械排放远程监控要求及联网操作流程等内容进行了详细解读。希望通过本书更加有效地帮助相关企业解决在国四标准实施过程中遇到的疑难问题，切实提高企业新生产机械排放达标水平，加强企业合法合规经营意识，提升标准实施的精准性和有效性，为进一步提升我国移动源排放控制水平提供有力的支持。

CONTENTS 目录

第 1 章 概 述

近年来，随着我国经济的快速发展，国内基础设施建设及农业机械化规模持续扩大，非道路移动机械保有量日益增加，随之带来的是污染物排放的增长。根据《中国移动源环境管理年报（2021）》统计，2021 年，我国非道路移动源排放二氧化硫（SO_2）16.8 万 t，碳氢化合物（HC）42.9 万 t，氮氧化物（NO_x）478.9 万 t，颗粒物（PM）23.4 万 t；NO_x 排放量接近机动车。其中，工程机械、农业机械、船舶、铁路内燃机车、飞机排放的 NO_x 分别占非道路移动源排放总量的 30.0%、34.9%、30.9%、2.8%、1.4%。

1.1 国四标准编制过程

2014 年，环境保护部发布了《非道路移动机械用柴油机排气污染物排放限值及测量方法（中国第三、四阶段）》（GB 20891—2014）。该标准对非道路移动机械第四阶段排放标准提出了预告性要求，包括发动机台架试验排放限值和试验循环的相关内容，但第四阶段标准的总体技术要求还不完善，实施时间也未规定。2015 年实施第三阶段标准以后，环境保护部即组织标准编制单位继续开展相关研究，对第四阶段标准内容进行补充和完善，在细化相关技术要求的同时，明确提出第四阶段的实施时间。

2018 年 1 月 2 日，环境保护部大气环境管理司组织召开了标准开题论证会，对标准编制技术路线、标准定位等内容进行了论证。

2018 年 1 月 31 日，环境保护部大气环境管理司组织召开了标准征求意见稿专家审查会。标准编制组根据专家审查会意见，对征求意见稿和编制说明进行了修改完善。

2018 年 2 月 22 日，环境保护部发布《非道路移动机械及其装用的柴油机污染物排放控制技术要求（征求意见稿）》，广泛征求意见。标准编制组深入研究和认真处理了各方反馈意见，根据反馈意见对标准进行了进一步的修改完善，完成了标准送审稿。

2018 年 7 月 27 日，生态环境部组织召开《非道路柴油移动机械污染物排放控制技术要求》送审稿技术审查会。会后编制组根据专家组意见进行完善，形成报批稿。

2018 年 12 月 27 日，生态环境部召开了《非道路柴油移动机械污染物排放控制技术要求》部长专题会。根据会议意见，标准编制组编制完成《非道路移动机械用柴油机排气污染物排放限值及测量方法（中国第三、四阶段）》（GB 20891—2014）修改单。

2019 年 2 月 20 日，生态环境部对标准修改单进行公开征求意见。

2019 年 3 月 13 日至 5 月 13 日，标准编制组对标准修改单及《非道路柴油移动机械污染物排放控制技术要求》进行《世界贸易组织贸易技术壁垒协议》（WTO/TBT）通报。

2019 年 7 月 17 日，生态环境部大气司根据 WTO/TBT 通报情况，再次组织召开《非道路柴油移动机械污染物排放控制技术要求》技术审查会。

2020 年新冠肺炎疫情发生后，生态环境部高度关注行业发展情况。为了确保标准内容的科学性与合理性及未来实施的有效性，生态环境部将对标准再次公开征求意见。

1.2 国四标准的必要性

1.2.1 行业发展带来的环境问题

据估计，截至 2021 年年底，我国工程机械保有量近 1 000 万台，农业机械总动力为 10.8 亿 kW，NO_x 年排放量达 478.9 万 t，PM 年排放量达 23.4 万 t，其中 NO_x 排放量占整个移动源排放总量的 45.1%，PM 排放量占整个移动源排放总量的 77.2%。NO_x 和 PM 已成为影响空气质量的重要污染源之一。

1.2.2 现行标准存在的问题

GB 20891—2014 中的第四阶段虽然提出了瞬态测试循环及限值的要求，但并未制定具体的测试规范，同时 GB 20891—2014 仅规定了非道路移动机械用柴油机的污染物排放限值，并没有针对非道路移动机械的要求，无法满足 2018 年修订的《中华人民共和国大气污染防治法》（以下简称《大气法》）对非道路移动机械的监管要求，也无法获知机械实际污染物排放水平。

1.3　国四标准的主要改进

1.3.1　瞬态测试循环的试验程序

GB 20891—2014 对第四阶段仅有试验循环和排放限值要求，瞬态测试循环过程中的技术要求并没有提出。国四标准参考欧盟 2012/46/EU 指令，增加了瞬态测试循环的具体要求，包括基准试验循环的形成、排放试验的运行、测量和取样规程以及数据评估和计算。

1.3.2　DPF 技术路线要求和颗粒物数量（PN）排放限值要求

近年来，我国 $PM_{2.5}$ 浓度居高不下，严重影响了社会公众生活和身体健康。非道路移动机械污染排放是影响大气环境质量的重要因素。为进一步加严柴油机颗粒物排放要求，国四标准对装用 37~560 kW 柴油机的机械增加了加装壁流式颗粒物捕集器或更加高效的颗粒物控制装置的要求，同时提出了颗粒物数量应不超过 5×10^{12} 个 /（kW · h）的要求，且要确保颗粒物捕集器再生时不能有目视明显可见烟。

限值的确定主要基于以下两个方面的考虑：第一，综合考虑目前我国柴油机及零部件行业整体技术水平与欧美发达国家（地区）之间的差异，同时也考虑了欧洲在 DPF 方面最新研究成果；第二，充分考虑各种后处理系统对颗粒物的捕集效率，来实现标准引导 DPF 技术路线的目的。

PN 的增加需要发动机后处理系统增加 DPF 才能满足限值的要求。标准编制组充分利用现有资源，对国内外采用 DPF 路线和柴油氧化催化器（DOC）+ 颗粒氧化催化器（POC）路线的柴油机进行了验证试验。这些机型都属于《重型柴油车污染物排放限值及测量方法（中国第六阶段）》（GB 17691—2018）（以下简称车用国六标准）或者《车用压燃式、气体燃料点燃式发动机与汽车排气污染物排放限值及测量方法（中国Ⅲ、Ⅳ、Ⅴ阶段）》（GB 17691—2005）第五阶段（以下简称车用国五标准）的机型，其原始排放本身较好。通过对部分机型进行试验我们发现，增加 DPF 后处理后，柴油机的 PN 都在 10^{13} 以内，使用 POC 技术路线的车用国五标准柴油机，其 PN 在 10^{14} 数量级，限值能够满足引导用户采用 DPF 路线的要求。

1.3.3 车载法排放要求

为确保非道路移动机械监管效果，国四标准增加了便携式排放测试系统（PEMS）测试要求，要求测量的 90% 有效功基窗口的 CO、NO_x 排放量小于限值的 2.5 倍，同时要求进行 PEMS 测试时，不能有目视明显可见烟。

2.5 倍限值的制定主要基于 5 个方面的考虑：一是标准要求发动机的非标准循环单点的比排放量小于限值的 2 倍，而非标准循环基本包括非道路移动机械的主要工作区间；二是在 SCR 尿素质量判定的条款里规定了当 NO_x 测量超过了限值的 2.25 倍时机械报警要求，即 SCR 正常工作的状态下，NO_x 的测量结果不应该超过限值的 2.25 倍；三是非道路移动机械的工作特性决定了非道路柴油机工作转速和负荷相对固定，因此它主要工作区域的排放更好控制；四是综合考虑 PEMS 设备及 PEMS 试验的环境等影响，再把限值适当放大到 2.5 倍；五是因全球非道路移动机械 PEMS 监管尚处于刚刚起步阶段，2.5 倍的限值要求能够满足现阶段对 NO_x 控制策略不正确运行的机械的监管。

标准编制组对该限值进行了验证，试验数据见表 1-1。通过试验结果可以看出，发动机只要正常运行排放策略，NO_x 排放结果是可以满足标准限值要求的。

表 1-1　非道路 PEMS 试验数据汇总

编号	类型	柴油机最大净功率 /［kW/（r/min）］	排放结果 /［g/（kW · h）］	台架限值 /［g/（kW · h）］	PEMS/ 台架比值
A	拖拉机	95.6/2 200	5.668	4.0	1.42
B	装载机	162/2 000	6.281	4.0	1.57
C	挖掘机	120/2 000	5.631	4.0	1.41
D	摊铺机	193.5/2 100	1.982	2.0	0.99
E	挖掘机	124/2 000	1.715	3.3	0.52
F	叉车	85/2 200	4.788	3.3	1.45
G1	挖掘机	317/2 000	0.206	0.4	0.52
G2	挖掘机[1]	317/2 000	2.67	0.4	6.68

注：[1] 该机型试验开始时，中断尿素供应。

1.3.4 远程监控要求

为贯彻落实《柴油货车污染治理攻坚战行动计划》相关要求，了解机械实际运行时的排放水平，国四标准对 37 kW 及以上工程机械提出了加装远程排放管理终端的要求。

标准规定车载远程终端应具备发送监测信息的功能。监测信息包括定位信息、发动机性能信息和排放关键零部件状态信息等。主管部门可以通过远程终端读取机械的实时信息，判断机械的实际排放状况、各项排放控制策略是否有效运行以及排放相关故障是否得到了及时排除等。在新生产机械检查和在用符合性检查时，可以对车载终端进行功能性检验，即所有控制系统在采用通用诊断仪进行测试的同时，采用远程排放管理平台来检测。

1.3.5 机械定位的要求

由于我国非道路移动机械没有挂牌和注册登记制度，为了更好实现对机械的监管，国四标准对装用 37 kW 以上柴油机的非道路移动机械增加了精准定位要求。同时为了尽快推进远程监控技术在非道路移动机械上的应用，国四标准对装用 SCR 系统的柴油机机械提出了加装 NO_x 传感器的要求，并按照标准要求上传数据。

1.3.6 非标准循环排放要求

随着电控发动机技术的发展，针对典型的点用工况法进行的排放测试已经不能满足管理的需要。为了能够更好地对发动机进行监管，提高管理的水平，国四标准引入了非标准循环的概念，从而使得发动机的排放控制从几个点向整个面的控制转变。非标准循环排放采用了欧盟 EU2016/1628 法规关于控制区域部分的要求。非标准循环是由柴油机的四条特性曲线确定的一个区域，柴油机功率、转速 A、30% 最大扭矩、30% 最大净功率对应的扭矩等曲线围成的最小区域即控制区域（图 1-1），这个区域基本包括了柴油机日常的运转区间。

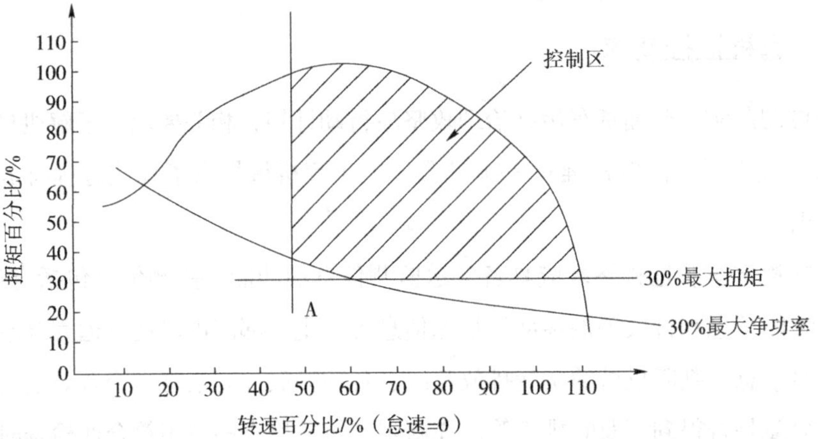

图 1-1　柴油机控制区域

柴油机非标准循环的要求，适用于所有非道路移动机械用柴油机。非标准循环的测量应在八工况、五工况或六工况结束后进行，这样能够保证柴油机前后运行处于同一个状态，然后在控制区域内随机选择 3 个点，并对 3 个点的 4 种污染物分别进行单点的比排放量计算，结果应小于相应柴油机功率段限值的 2 倍。增加非标准循环的要求，使得企业在产品标定阶段细化喷油控制策略，有效避免失效策略的应用。同时针对 19 kW 以下机型根据转速的不同还规定了不同的控制区域（图 1-2、图 1-3）。

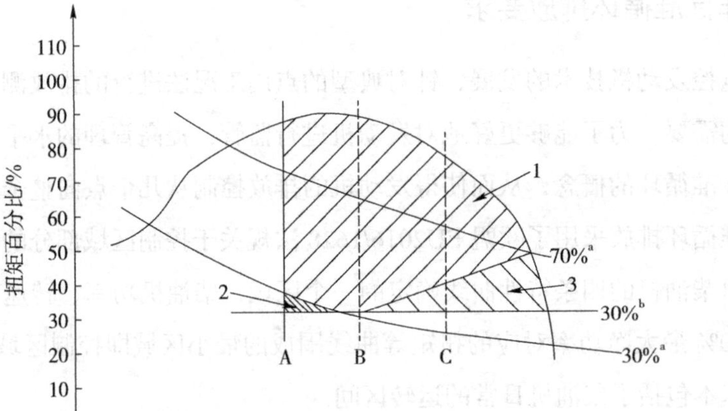

图 1-2　19 kW 以下转速 C<2 400 r/min 发动机控制区域

注：1—柴油机非标准循环排放；2—所有污染物的非控区；3—PM 非控区；a—最大净功率的百分比；b—最大扭矩的百分比。

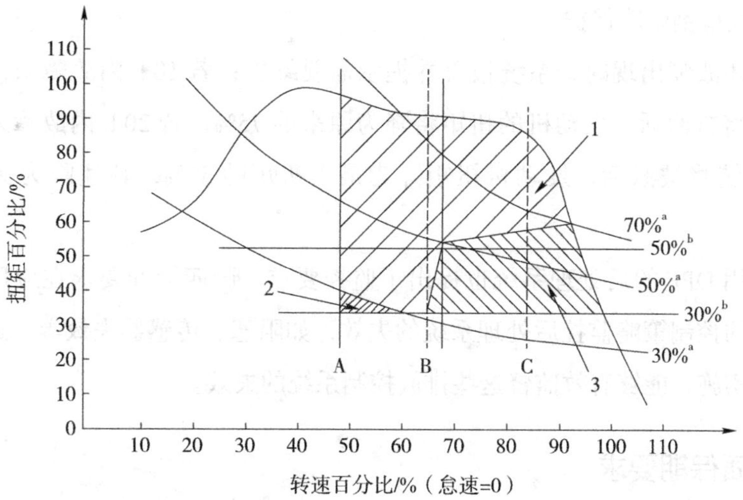

图 1-3　19 kW 以下转速 $C \geqslant 2\,400$ r/min 发动机控制区域

注：1—柴油机非标准循环排放；2—所有污染物的非控区；3—PM 非控区；[a]—最大净功率的百分比；[b]—最大扭矩的百分比。

恒速发动机主要在非常接近其设计转速的转速下运行，所以其控制区域为：

（1）转速：100%；

（2）扭矩范围：最大功率点扭矩的 50%～100%。

1.3.7　排气后处理系统的监控要求

根据国四标准的限值要求，电控发动机、柴油机后处理技术会得到广泛应用。由于针对其排放的控制策略的监控关系到发动机真实的排放水平，因此国四标准对各种技术路线提出了控制要求。

关于确保 NO_x 控制措施正确运行的要求。设置这部分的内容主要就是为了限制用户不合理使用 SCR 系统造成的污染物排放量的增加，通过报警、限扭等措施提醒用户维护或正当使用发动机。该条内容对反应剂的特性进行了详细要求，对保养维护及报警要求也进行了详细的规定。同时在国四标准中增加了柴油机及反应剂的一些相关参数，来支持本部分的技术内容。

造成 SCR 系统报警和限扭的故障有 5 个，分别为：

（1）反应剂量不足储罐总容量的 10%、2.5% 或变空；

（2）反应剂质量出现问题；

（3）喷嘴动作出现问题；

（4）篡改类（废气再循环 EGR 阀卡滞、传感器故障等）；

（5）反应剂防冻保护。

当上述故障出现时，系统报警并提示需要维护；若 10 h 内故障未修正，初级限制系统将被激活，发动机的扭矩将降为原来的 75%；若 20 h 内故障未修正，严重限制系统将被激活，发动机扭矩降为最大扭矩的 50%，转速降为额定转速的 60%。

对采用 DPF 的后处理系统也提出了监控要求。国四标准要求在应用过程中应采取相应的控制策略监控后处理系统的失效，如阻塞、传感器失效等。通过这些控制措施的实施，能够有效监督这些排放控制系统的失效。

1.3.8 质保期要求

长期以来，机械的质保期保证部件只包括主要的总成，如发动机、变速器、底盘等，不包括排放相关的零部件。为增强机械生产企业的责任和环保意识，保证排放零部件的正常功能，国四标准提出了环保关键零部件质保期的要求。

国四标准根据柴油机的有效寿命，参考美国 40 CFR PART 1039 有关质保期的要求，规定了国四标准环保关键零部件质保期的要求，见表 1-2。

表 1-2 最短质保期的要求

柴油机功率段 /kW	转速	质保期[1]	
		时间 /h	年限
$P_{max} \geq 37$	任何转速	3 000	5 年
$19 \leq P_{max} < 37$	非恒速		
	恒速＜3 000 r/min		
	恒速≥3 000 r/min	1 500	2 年
$P_{max} < 19$	任何转速	1 500	2 年

注：[1] 自销售之日起计算质保期。

1.3.9 新生产机械排放达标要求及检查

《大气法》第五十二条规定，机动车、非道路移动机械生产企业应当对新生产的机动车和非道路移动机械进行排放检验。经检验合格的，方可出厂销售。检验信息应当向社会公开。因此增加对新生产机械排放达标要求及检查是非常必要的，同时随着 PEMS 测试设备的发展，PEMS 测试设备也已经具备了对机械实现监管的能力。国四标准规定了详细的新生产机械的达标自查和新生产机械的达标监督抽查的技术要求，同时也给出了抽查时是否合格的判定条件。

1.3.10 在用符合性要求及检查

机械能否在使用环节持续达标，这是非道路移动机械污染防治的重点，因此国四标准增加了在用符合性的要求。国四标准详细规定了机械企业和柴油机企业的在用符合性自查的规范，给出了企业自查是否合格的判定条件及整改措施，同时也给出了主管部门抽查时合格与否的判定条件。

1.3.11 增加三轮汽车及其装用的柴油机污染物控制要求

三轮汽车作为适应我国农用运输需求，适应农村使用条件、农民购买力水平等特点的一类机动车，其采用的动力系统与非道路移动机械拖拉机一致，其作业工况与非道路移动机械拖拉机的差异也不大。为减轻行业认证成本，降低企业负担，将三轮汽车及其装用的柴油机污染物排放纳入国四标准来管理，信息公开的要求仍采用机动车管理模式。

1.4 国四标准编制的效益分析

1.4.1 实施国四标准的环境效益和社会效益分析

国四标准与非道路柴油移动机械第三阶段（以下简称国三标准）相比，NO_x 和 HC 限值收紧 13%～45%，PM 限值收紧 50%～94%。按照 2022 年 12 月 1 日实施国四标准测算，随着标准的实施，国四标准非道路移动机械保有量占比逐步增加，2025 年当年减排 NO_x 37.5 万 t，PM 3.2 万 t，减排比例分别为 12.5% 和 19.3%；2030 年当年减排 NO_x 106.4 万 t，PM 7.7 万 t，减排比例分别为 35.0% 和 46.8%。

国四标准的实施会使得非道路移动机械用柴油机技术水平进一步提高，逐步向车用柴油机靠拢，进一步缩小我国非道路移动机械用柴油机排放控制体系与欧美国家（地区）的差距。同时，国四标准的实施会引导企业调整产业结构，对产品进行升级换代，使得产品结构更加合理，推动整个柴油机行业技术进步。同时产品的升级换代，会带来良好的投资环境，吸引更多的企业进行投资，增加就业岗位，拉动经济增长。

1.4.2 实施国四标准的技术可行性分析

从燃油水平来看，国四标准要求的基准燃油硫含量下降为 10 ppm[①]。我国普通燃油标准《普通柴油》（GB 252—2015）要求自 2017 年 7 月 1 日起，普通柴油硫含量不超过 50 ppm；2017 年 11 月 1 日，我国开始全面供应硫含量不超过 10 ppm 的柴油；2019 年 1 月 1 日，全国实施了《车用柴油》（GB 19147—2016），车用柴油、普通柴油、部分船舶用油“三油并轨”。燃油品质的提升为国四标准有效实施提供了坚实的基础保障。

国四标准与车用国五标准的排放水平接近，SCR 和 DPF 是主流后处理技术，并需要采用 DOC 和 EGR 等辅助技术等。这些技术已在柴油车上成熟应用，同时在欧美国家（地区）非道路产品上也已应用。远程排放监控技术已在重型柴油车上开始应用。非道路移动机械的车载终端及监管平台建设等，可以重型柴油车的相关技术为基础。自国四标准第一次公开征求意见以来，很多企业已启动国四标准产品研发工作。

基于市场燃油情况、发动机主要零部件及后处理系统准备情况，并在充分考虑行业技术升级和试验验证时间的基础上，国四标准已具备实施的基本条件。

① ppm 为 10^{-6}。

第 2 章　环保信息公开

2.1　总体要求

非道路移动机械应该按照《大气法》和《关于开展机动车和非道路移动机械环保信息公开工作的公告》（国环规大气〔2016〕3 号）的规定，进行排放检验并将检验结果向社会公开。非道路移动机械的型式检验必须在依法通过资质认定（计量认证）、与生态环境部机动车排污监控中心联网的检测机构进行。检验机构应符合《关于进一步规范排放检验加强机动车环境监督管理工作的通知》（国环规大气〔2016〕2 号）及《关于加快推进新生产机动车和非道路移动机械排放检验机构联网工作的通知》（环办大气函〔2016〕2386 号）的相关要求。

2.2　适用对象及变更要求

2.2.1　开户

非道路移动机械生产、进口企业应在机动车和非道路移动机械环保信息公开系统（以下简称机动车环保信息公开系统）注册账户；每个企业法人原则上只能注册一个账户。账户注册信息应具有完整性、真实性、准确性和时效性。非道路移动机械生产、进口企业应做好信息公开账户的安全管理工作。已公开的非道路移动机械环保信息与账户绑定。具体开户资料、开户流程及表格可在机动车环保网的信息公开栏目中下载。

2.2.2　变更、更正和撤销

当环保信息公开内容发生变化或出现错误等情况时，非道路移动机械生产、进口企业应根据实际情况及时进行变更、更正或撤销，同时将变更、更正及撤销内容进行信息公开。具体情况如下：

（1）当信息公开内容发生变化时，非道路移动机械生产、进口企业应根据实际情况及时进行变更。

（2）当信息公开内容出现错误时，非道路移动机械生产、进口企业应根据实际情况及时进行更正。

（3）对于已公开但未销售的机型（或机械），非道路移动机械生产、进口企业可以撤销机型信息（或机械信息）。

2.3 信息公开材料及要求

2.3.1 型号要求

燃料种类不同、排放标准阶段不同的发动机或非道路移动机械型号应加以区分。

2.3.2 信息公开参数表

企业应在型式检验前在机动车环保信息公开系统完成技术参数及技术文件备案，检测机构下载附录信息后方可开始进行型式检验。

按照 GB 20891—2014 附录 A 填报非道路移动机械柴油机相关参数，填报说明见本书附录 A。按照《非道路柴油移动机械污染物排放控制技术要求》（HJ 1014—2020）附录 A 填报非道路移动机械相关参数，填报说明见本书附录 B。

2.3.3 发动机系族

按照 GB 20891—2014 和 HJ 1014—2020 的要求及本书第 5 章相关内容，划定发动机排放系族、耐久性系族及 NO_x 控制诊断系统 / 颗粒物控制诊断系统（NCD/PCD）系族。排放系族名称编制规则见图 2-1，耐久性系族及 NCD/PCD 系族名称由企业自定义。

对于每个发动机排放系族，均应提交发动机控制策略文档。发动机控制策略文档应满足 GB 20891—2014 和 HJ 1014—2020 的要求，并至少包含 GB 20891—2014 附录 A 规定的内容。

对于每个 NCD、PCD 系族，均应提交 NCD、PCD 文档。NCD、PCD 文档应满足 HJ 1014—2020 的要求。

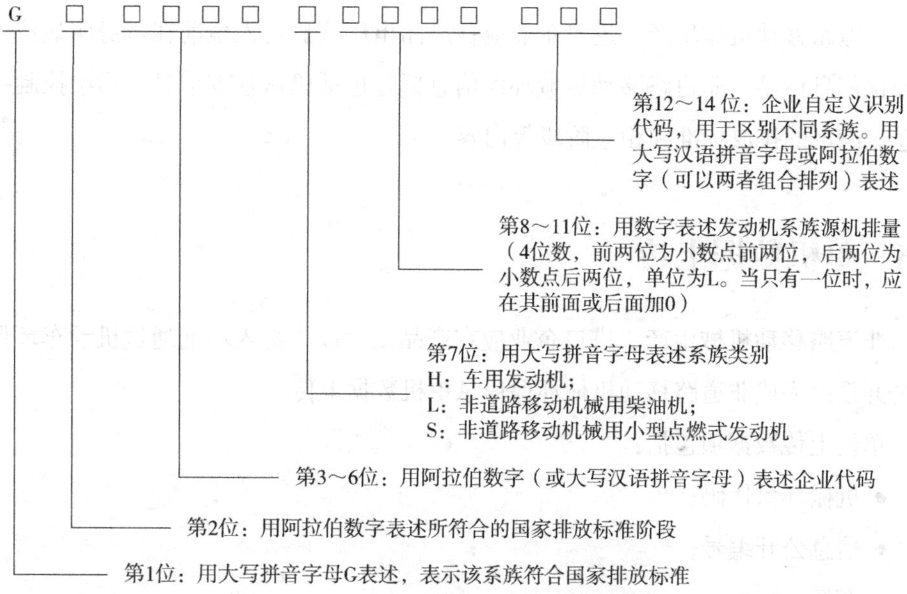

图 2-1　发动机排放系族名称编制规则

注：企业代码由机动车环保信息公开系统在企业注册账户时按流水号给出。企业也可自定系族名称中企业代码。为避免出现不同企业使用相同的代码等问题，应事先在机动车环保网上校验代码是否重复。

2.3.4　型式检验报告

型式检验报告包括发动机排气污染物报告、发动机 NCD/PCD 报告、发动机耐久性报告（若进行耐久性实测）等。各型式检验报告模板可以从机动车环保信息公开系统中下载。

2.4　下线检验

非道路移动机械生产、进口企业应在产品出厂或货物入境前按照相关标准完成新生产非道路移动机械下线检验项目。装用柴油机的非道路移动机械应按《非道路柴油移动机械排气烟度限值及测量方法》（GB 36886—2018）中的相关要求开展下线检验。

2.5 环保信息标签

非道路移动机械生产、进口企业应在产品出厂或货物入境前在机身明显位置安装环保信息标签。非道路移动机械环保信息标签包括机械基本信息、污染控制技术信息、满足的排放标准和相应阶段等内容。

2.6 单机数据上传

非道路移动机械生产、进口企业应在产品出厂或货物入境前通过机动车环保信息公开系统完成非道路移动机械环保信息单机数据上传。

单机上传数据项包括：

- 机械环保代码；
- 信息公开编号；
- 商标；
- 生产厂地址；
- 发动机顺序号；
- 生产（进口）日期；
- 下线检验依据；
- 下线检验结论；
- 企业官方网站；
- 发动机厂牌；
- 发动机生产厂地址。

第3章 型式检验要求

3.1 一般要求

GB 20891—2014 和 HJ 1014—2020 适用于以下（包括但不限于）非道路移动机械及其装用的在非恒定转速下工作的柴油机的型式检验、生产一致性检查、排放达标检查、在用符合性检查和耐久性要求：

- 工程机械（包括挖掘机械、铲土运输机械、起重机械、工业车辆、压实机械、路面施工与养护机械、混凝土机械、掘进机械、桩工机械、高空作业机械、凿岩机械等）；
- 农业机械（包括拖拉机、联合收割机等）；
- 林业机械；
- 机场地勤设备；
- 材料装卸机械；
- 雪犁装备；
- 工业钻探设备。

GB 20891—2014 和 HJ 1014—2020 适用于以下（包括但不限于）非道路移动机械及其装用的在恒定转速下工作的柴油机的型式检验、生产一致性检查、排放达标检查、在用符合性检查和耐久性要求：

- 空气压缩机；
- 发电机组；
- 渔业机械（增氧机、池塘挖掘机等）；
- 水泵。

GB 20891—2014 和 HJ 1014—2020 适用于额定净功率小于 37 kW 的船舶及其装用的柴油机、三轮汽车及其装用的柴油机的型式检验、生产一致性检查、排放达标检查、在用符合性检查和耐久性要求。

柴油机机型或柴油机系族可作为独立技术总成进行型式检验。

对装有未经型式检验柴油机的机械，应对柴油机进行型式检验；对装有已经型式检验柴油机的机械，无须再进行额外的柴油机型式检验。

进行柴油机型式检验时，应选择一台能够代表柴油机机型或系族的源机。如果所选择的机型不能完全代表 GB 20891—2014 附录 A 所述机型或系族，则应增选一台有代表性的柴油机进行试验。

源机（机械）应具有本系族中的最差排放水平，对源机（机械）进行的型式检验，可扩展到系族中的所有成员，系族中的其他成员无须进行试验。

发动机应已完成技术参数及文件备案且在检测机构端可正常下载，并且在确保发动机参数与环保备案参数一致之后方可开始试验。检测机构应进行样机参数核对，查验样机的过程以及排放试验要在视频联网监控下进行。

检验机构应将型式检验时发动机上安装的发动机电子控制单元（ECU）封存备查，发动机停产 5 年后，可不再保留。国务院生态环境主管部门可以进行确认检查。

在进行所有型式检验项目期间，除了 NCD、PCD 验证试验中允许的软件修改项目及发动机原机排放试验外，试验发动机的标定识别码（CAL ID）数据和软件标定验证码（CVN）数据应保持一致，耐久试验期间试验发动机的 CAL ID 数据和 CVN 数据应保持一致。每次试验前检测机构都应采用车载诊断系统（OBD）通用诊断工具读取文件输出存储记录并进行核对。

进行型式检验时，应使用符合 GB 17691—2018 表 D.1 规定的基准燃油，应使用符合《柴油发动机氮氧化物还原剂　尿素水溶液（AUS 32）》（GB 29518—2013）要求的尿素水溶液（如适用）。

当实测的最大净功率与额定净功率不在一个功率段时，应执行更严格功率段的排放限值和技术要求。

3.2　型式检验项目

非道路移动机械柴油机生产、进口企业应按 GB 20891—2014 和 HJ 1014—2020 进行型式检验。机型的型式检验内容包括排气污染物、污染控制装置耐久性（如果生产企业选择使用 HJ 1014—2020 推荐的劣化系数或修正值，可不进行此项试验）和 NCD、PCD 验证试验等。

（1）发动机型式检验试验项目

非道路移动机械和柴油机机型（系族）进行型式检验时，要求进行的型式检验项目见表 3-1（如适用）。

表 3-1　发动机型式检验试验项目

<table>
<tr><th colspan="2">试验类型</th><th colspan="2">试验项目</th></tr>
<tr><td rowspan="8">标准循环</td><td rowspan="4">稳态循环（NRSC）</td><td rowspan="2">气态污染物</td><td>PM</td></tr>
<tr><td>PN[1]</td></tr>
<tr><td colspan="2">氨（NH_3）浓度[2]</td></tr>
<tr><td colspan="2">CO_2 和油耗</td></tr>
<tr><td rowspan="4">瞬态循环（NRTC）</td><td rowspan="2">气态污染物</td><td>PM</td></tr>
<tr><td>PN</td></tr>
<tr><td colspan="2">NH_3 浓度[2]</td></tr>
<tr><td colspan="2">CO_2 和油耗</td></tr>
<tr><td>非标准循环</td><td>稳态单点测试</td><td>气态污染物</td><td>PM</td></tr>
<tr><td colspan="4">耐久性</td></tr>
<tr><td colspan="4">NO_x 控制[2,3]</td></tr>
<tr><td colspan="4">PM 控制[4]</td></tr>
<tr><td colspan="4">贵金属检测</td></tr>
</table>

注：[1] PN 测量适用于 37 kW≤P_{max}≤560 kW 的柴油机；
[2] 采用反应剂后处理系统需进行的检验项目；
[3] 采用 EGR 系统需进行的检验项目；
[4] 采用颗粒物后处理系统需进行的检验项目。

（2）发动机生产企业可以选择 HJ 1014—2020 指定的相乘劣化系数，替代进行耐久性试验。选择指定劣化系数的，可在信息公开后一年内，申请进行耐久实测并完成耐久试验，提交耐久试验报告，用实测劣化系数替换指定劣化系数。

（3）生产企业应最大限度地降低发动机原机（后处理装置前端）的 NO_x 排放，并将源机排放情况（数据）及测试方法向主管部门报告。

（4）采用钒基 SCR 系统的发动机，还应完成钒基 SCR 试验，并提交钒基 SCR 相关文档说明和测试报告。

3.3 型式检验材料

3.3.1 发动机控制策略文档

发动机控制策略文档共包括三部分。应按以下要求在机动车环保信息公开系统中上传：

第一部分：正式文档。应以电子文件形式上传至系统。发动机企业编辑的排放控制策略文档，应满足 HJ 1014—2020 规定的要求。正式文档（基本排放策略和辅助排放策略简介）所包含的信息，可参照本模板进行编辑，应包括但不限于本文档模板规定的内容。

第二部分：失效策略合规声明。应以 PDF 扫描件的形式上传至系统。

第三部分：扩展文档。应由企业按照 HJ 1014—2020 第 A.3.2.3 条的要求进行编辑，应包括但不限于第三部分扩展文档说明规定的内容。扩展文档应在机械量产前准备完成，可上传至机动车环保信息公开系统，也可由企业自行留存，但应随时接受生态环境主管部门的检查。

3.3.1.1 第一部分 正式文档模板

（1）发动机信息

对发动机的简单描述，详细内容见表 3-2。

表 3-2 发动机概述

项目	内容
发动机	说明：填写源机型号
动力系统	说明：填写排量、功率、气缸布置形式、缸数，描述燃油喷射系统、进气系统等； 示例：×× 升，××kW；直列 ×× 缸，共轨直喷压燃发动机，进气增压，增压中冷，高压 EGR 带冷却（无旁通阀）
后处理系统	说明：填写后处理系统组成 示例：DOC（氧化催化器）+DPF（颗粒捕集器）+SCR（选择性催化还原）+ASC（氨氧化催化器）
燃油系统	说明：填写燃油系统信息
其他	说明：填写其他需要说明的信息

（2）发动机设计方案

1）发动机结构

发动机结构如图 3-1 所示。

为满足排放标准限值要求，×× 发动机及其系族使用支持多次喷射的可变压力高压共轨燃油系统，高缸内爆发压力设计，开式 / 闭式曲轴箱系统，电控发动机及后处理控制系统，后处理控制系统包括 DOC、DPF、HC 缸内喷射以及带 ASC 的 SCR。

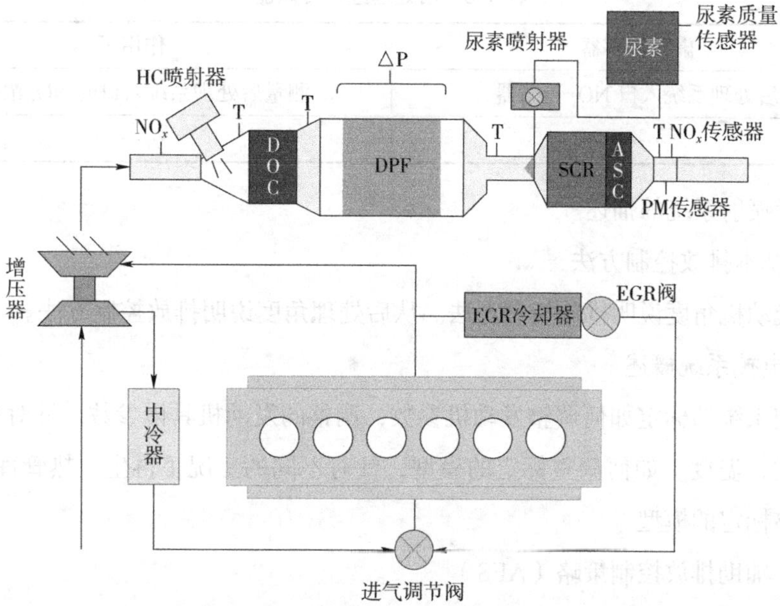

T—温度传感器；P—压差传感器

图 3-1　发动机结构

发动机的物理传感器和虚拟传感器：

表 3-3　发动机物理传感器

物理传感器	作用
冷却液温度传感器	测量冷却发动机的冷却介质温度
……	……

表 3-4　发动机虚拟传感器

虚拟传感器	作用
进气流量	计算可用于缸内燃烧的新鲜空气流量
……	……

后处理的物理传感器和虚拟传感器：

表 3-5　后处理物理传感器

物理传感器	作用
后处理系统入口 NO_x 传感器	测量后处理系统入口的 NO_x 浓度
……	……

表 3-6　后处理虚拟传感器

虚拟传感器	作用
后处理系统入口 NO_x 传感器	测量后处理系统入口的 NO_x 浓度
……	……

尿素喷射系统的描述。

2）基本排放控制方法

从发动机角度说明排放控制方法。从后处理角度说明排放控制方法。

3）电控系统概述

电控系统的标定如何调整发动机参数，调整的发动机具体参数。针对环境的变化（海拔、温度）如何调整标定的模型，针对不同的工况（再生、热管理、保护）如何调整标定的模型。

（3）辅助排放控制策略（AES）

针对每个 AES 进行描述。

在应控制的环境范围外要尽可能控制排放，所以在低温（小于 −7℃）、高温（大于 38℃）和高海拔（1 700 m 以上）条件下，不能因为采用某些 AES 而使 SCR 系统的反应剂喷射停止。

1）辅助排放策略 1

采取辅助排放策略 1 的必要性（说明 AES 的物理 / 化学机理，不使用 AES 的影响）。

辅助排放策略 1 的工作原理（说明激活 AES 所需要监控的参数、AES 需要控制的参数）。

辅助排放策略 1 的环境影响（说明在排放测试循环是否启动，对排放污染物的影响，激活的频率和作用的时间）。

辅助排放策略 1 与其他辅助排放策略的相互影响。

2）辅助排放策略 2

采取辅助排放策略 2 的必要性（说明 AES 的物理 / 化学机理，不使用 AES 的影响）。

辅助排放策略 2 的工作原理（说明激活 AES 所需要监控的参数、AES 需要控制的参数）。

辅助排放策略 2 的环境影响（说明在排放测试循环是否启动，对排放污染物的影响，激活的频率和作用的时间）。

辅助排放策略 2 与其他辅助排放策略的相互影响。

3.3.1.2　第二部分　失效策略合规声明

发动机（机械）生产企业或发动机（机械）进口企业应声明发动机（机械）满足 HJ 1014—2020 规定的不包含任何失效策略的要求。

失效策略合规声明应加盖单位公章，扫描成 PDF 文档上传至机动车环保信息公开系统。

3.3.1.3　第三部分　扩展文档的说明

扩展文档应由企业按照 HJ 1014—2020 的要求进行编辑，针对所有 AES，包括但不限于以下内容。

（1）发动机及其排放控制策略的描述

对发动机及其所有辅助排放控制策略进行描述，包括辅助排放控制策略所采用的方法（软件或硬件）的描述，以及在型式试验过程中何种条件下不触发辅助控制策略及其采用的方法的描述。

（2）软件标定识别号和标定验证码

对控制 AES/BES（基本排放策略）的软件版本进行说明，包括软件标定识别号和对应的标定验证码。如果涉及 AES/BES 的变更导致软件标定识别号更新，在机动车环保信息公开系统中备案后，扩展文档应被更新，并保存更新记录。

（3）采用 AES 的详细技术原因及危险评估

对采用 AES 的技术原因和危险评估进行说明，主要包含以下内容：

- AES 所保护的硬件；
- 如无 AES，在正常的维护情况下发动机是否会发生不可挽回的破坏；
- 发动机启动时需要启用 AES 的合理解释。

（4）各种模式转换期间燃油系统控制逻辑的描述

对各个 AES 之间的转换以及 AES 与 BES 转换期间的燃油系统控制逻辑进行描述。

（5）不同 AES 之间层次关系的描述

对不同 AES 之间的层次关系进行描述，即当多个 AES 同时发生时，哪一个 AES 是主导的，策略之间相互作用的方法，包括数据流程图、决策逻辑及所有 AES 之间的层级关系如何影响来控制使排放效果最好。

（6）测量 / 计算的详细参数

给出由 AES 测量 / 计算的参数表，同时给出每个测量 / 计算的参数的目的，每个参数与发动机的损伤之间的关系。例如，由计算产生的参数应包括计算的方法及计算产生的结果和实际结果之间的误差，以及这些误差对发动机安全造成的影响。

（7）可调节的发动机和排放控制参数的列表

给出可调节的发动机和排放控制参数的列表，包括参数可调节的范围以及这些参数之间的关系。

（8）AES 在实际驾驶中的排放控制评估

企业应评估 AES 在实际驾驶中的排放控制水平，确保实际驾驶排放量降到最低。评估内容应包括对比 BES，采用 AES 造成的污染物和 CO_2 排放增加的详细分析。

3.3.2 NCD 和 PCD 文档

OBD 文件共包括以下几部分，按以下要求在机动车环保信息公开系统中上传：

第一部分：正式文档。应以电子文件形式上传至系统。发动机企业编辑的 NCD 和 PCD 正式文档，应满足 HJ 1014—2020 规定的要求，可参照本模板进行编辑，应包括但不限于第一部分正式文档模板规定的内容。

第二部分：NCD 和 PCD 故障码清单，应以 Excel 表格的形式导入机动车环保信息公开系统。

第三部分：NCD 和 PCD 在用符合性声明，应以 PDF 扫描件的形式上传至系统。

第四部分：扩展文档，应由企业按照 HJ 1014—2020 附录 A 第 A.3.2.3 条的要求进行编辑，可上传至机动车环保信息公开系统，也可由企业自行留存，但应随时接受生态环境主管部门的检查。

3.3.2.1 第一部分 正式文档模板

（1）发动机及 NCD 和 PCD 系族信息

表 3-7 发动机信息

项目	内容（填写示例）
发动机	填写源机型号
动力系统	填写排量、功率、气缸布置形式、缸数，描述燃油喷射系统、进气系统等；示例：×× 升，××kW；直列 ×× 缸，共轨直喷压燃发动机，进气增压，增压中冷，高压 EGR 带冷却（无旁通阀）
后处理系统	填写后处理系统组成 示例：DOC+DPF+SCR+ASC
被监测的系统	填写发动机被监测的系统组成 示例：EGR 系统，颗粒捕集器系统，SCR，一般部件（如传感器或执行器）
其他	填写其他需要说明的信息

1）NCD 系族（系族名称：××××）概述说明

排放控制系统描述：××××

NCD 监测的方法描述：××××

NCD 监测的原理描述：××××

监测参数的描述：××××

系统概述：说明系统主要组成部分和监测项。

2）PCD 系族（系族名称：××××）概要说明

排放控制系统描述：××××

颗粒物后处理系统的工作原理描述：××××

PCD 监测的方法描述：××××

PCD 监测的原理描述：××××

监测参数的描述：××××

系统概述：说明系统主要组成部分和监测项。

3）NCD+PCD 系族（系族名称：××××）概要说明

排放控制系统描述：××××

NCD 监测的方法描述：××××

NCD 监测的原理描述：××××

颗粒物后处理系统的工作原理描述：××××

PCD 监测的方法描述：××××

PCD 监测的原理描述：××××

监测参数的描述：××××

系统概述：说明系统主要组成部分和监测项。

（2）NCD 和 PCD 驾驶员报警系统

1）NCD 和 PCD 驾驶员报警系统说明

说明驾驶员报警系统指示灯的数量，是否包含短消息显示系统和声音报警系统。说明系统各单元的工作原理和控制逻辑、不同警告级别下的点亮状态、短消息显示方式和声音报警系统驾驶员操作权限。相关内容按照发动机试验时的配置申报即可（发动机安装到机械上以后，如有变动则要求非道路机械制造厂商根据实际情况在机械部分申报）。

说明柴油机故障指示灯或柴油机维修的信号系统。

2）NCD 和 PCD 驾驶员报警系统指示灯

说明各驾驶员报警系统指示灯的形状、颜色、位置（若包含多个报警系统指示器，则应分别说明），各驾驶员报警系统指示灯指示的故障类型或用途，并给出所有驾驶员报警系统指示灯的实例（图 3-2）。

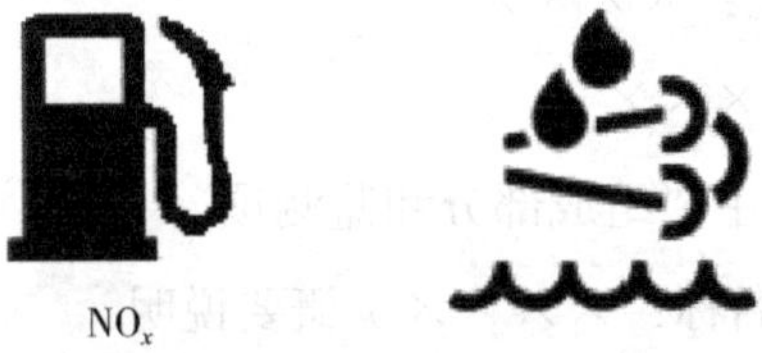

图 3-2　故障指示器示意

若有短消息显示系统和声音报警系统，应按驾驶员报警系统的要求给出实例说明或如表 3-8 所示方式给出。

表 3-8　短消息显示系统和声音报警系统

故障类型	短消息显示系统和声音报警系统说明
反应剂不足（驾驶员报警系统激活）	将显示一条信息，指示反应剂液位较低。例如，“尿素液位低”、“AdBlue 液位低”或“反应剂存量低”，声音报警系统会发出报警提示
……	……

3）NCD 驾驶员报警系统激活及解除激活原则

① 非加热系统，如果在 266 K 及以下无反应剂供给，报警系统激活

对由于环境温度低导致的报警激活条件进行描述；

激活解除的条件；

对激活驾驶员报警系统的故障码（DTC）状态进行描述（如适用）。

② 由反应剂容量低导致的驾驶员报警

对由反应剂容量低导致的报警激活条件进行描述；

激活解除的条件；

对激活驾驶员报警系统的 DTC 状态进行描述（如适用）。

③ 由不良反应剂低导致的驾驶员报警

对由不良反应剂低导致的报警激活条件进行描述；

激活解除的条件；

对激活驾驶员报警系统的 DTC 状态进行描述（如适用）。

④ 由反应剂喷射中断导致的驾驶员报警

对由反应剂喷射中断导致的报警激活条件进行描述；

激活解除的条件；

对激活驾驶员报警系统的 DTC 状态进行描述（如适用）。

⑤ 由防篡改监测系统失效导致的驾驶员报警

对由防篡改监测系统失效导致的报警激活条件进行描述；

激活解除的条件；

对激活驾驶员报警系统的 DTC 状态进行描述（如适用）。

⑥ 由企业定义的其他监测系统失效导致的驾驶员报警（如适用）

对由企业定义的其他监测系统失效导致的报警激活条件进行描述；

激活解除的条件；

对激活驾驶员报警系统的 DTC 状态进行描述（如适用）。

4）PCD 驾驶员报警系统激活及解除激活原则

① 由颗粒物后处理系统移除导致的驾驶员报警

对由颗粒物后处理系统移除导致的报警激活条件进行描述；

激活解除的条件；

对激活驾驶员报警系统的 DTC 状态进行描述（如适用）；

如果使用液态反应剂，确定 DPF 移除后应停止喷射；当故障消除后，喷射恢复正常。

② 由颗粒物后处理系统功能缺失导致的驾驶员报警

对由颗粒物后处理系统功能缺失导致的报警激活条件进行描述；

激活解除的条件；

对激活驾驶员报警系统的 DTC 状态进行描述（如适用）。

③ 由 PCD 故障导致的驾驶员报警

对由 PCD 故障导致的报警激活条件进行描述；

激活解除的条件；

对激活驾驶员报警系统的 DTC 状态进行描述（如适用）。

④ 由颗粒物后处理系统堵塞（包括用于 DPF 监测、激活、复位或调整其动作的传感器）导致的驾驶员报警

对由颗粒物后处理系统堵塞（及 DPF 相关传感器故障）导致的报警激活条件进行描述；

激活解除的条件；

对激活驾驶员报警系统的 DTC 状态进行描述（如适用）。

⑤ 由液态反应剂储量低导致的驾驶员报警（如适用）

对由液态反应剂储量低导致的报警激活条件进行描述；

激活解除的条件；

对激活驾驶员报警系统的 DTC 状态进行描述（如适用）。

⑥ 由防篡改监测系统失效导致的驾驶员报警

对由防篡改监测系统失效导致的报警激活条件进行描述；

激活解除的条件；

对激活驾驶员报警系统的 DTC 状态进行描述（如适用）。

⑦ 由企业定义的其他监测系统失效导致的驾驶员报警（如适用）

对由企业定义的其他监测系统失效导致的报警激活条件进行描述；

激活解除的条件；

对激活驾驶员报警系统的 DTC 状态进行描述（如适用）。

（3）NCD 和 PCD 驾驶性能限制系统

1）NCD 和 PCD 驾驶性能限制系统说明

说明驾驶员报警系统的工作原理和驾驶性能限制系统的工作原理，计数器工作机制，以及是否包含两级驾驶性能限制系统，初级和严重驾驶性能限制系统激活条件和时刻，解除激活条件，扭矩限制和转速限制机制及限制比例，故障重复发生时的工作机制及其适用范围等。对扭矩限制和转速限制机制及限制比例说明时，应给出相应示例。

2）NCD 和 PCD 计数器工作机制

企业应详细描述计数器的原理、种类和数量，包含计数器的技术规范和工作机制、故障修复后和诊断工具擦除时的冻结信息、重置条件、计数器第一次激活时的 DTC 状态、各级驾驶性能限制对应的时间、严重驾驶性能限制后计数器冻结值等。示例如表 3-9、表 3-10 所示。

表 3-9　NCD 计数器原理

计数器所属系统	计数器名称	计数器第一次激活时的 DTC 状态	初级限制系统的计数器值	严重限制系统的计数器值	严重驾驶性能限制后计数器冻结值
NCD	反应剂质量计数器	确认并激活	≤10 h	≤20 h	18 h
NCD	喷射计数器	确认并激活	≤10 h	≤20 h	18 h
NCD	EGR 阀计数器	确认并激活	≤36 h	≤100 h	19 h
NCD	监测系统计数器	确认并激活	≤36 h	≤100 h	19 h
NCD	NO_x 限值（如适用）	确认并激活	≤10 h	≤20 h	18 h

表 3-10　PCD 计数器原理

计数器所属系统	计数器名称	计数器第一次激活时的 DTC 状态	初级限制系统的计数器值	严重限制系统的计数器值	严重驾驶性能限制后计数器冻结值
PCD	移除、堵塞颗粒物后处理系统计数器	确认并激活	≤36 h	≤100 h	95 h
PCD	颗粒物后处理系统功能缺失	确认并激活	≤36 h	≤100 h	95 h
PCD	PCD 故障	确认并激活	≤36 h	≤100 h	95 h

3）NCD 驾驶性能限制系统激活和解除激活条件

对初级驾驶性能限制、严重初级驾驶性能限制的解除条件进行说明。

4）PCD 驾驶性能限制系统激活和解除激活条件

对初级驾驶性能限制、严重初级驾驶性能限制的解除条件进行说明。

5）NCD 和 PCD 驾驶性能限制系统其他说明

说明以上文档未尽事宜或其他应当补充说明的内容。

① 反应剂不足时，各级报警系统激活的限值，以及无论发动机停机还是运转是否允许从储罐内抽取反应剂来模拟发动机的持续运转过程。

② 各发动机系族或源机、子机对应的 CD_{min} 浓度，以及验证试验时对应的排放

试验循环和预处理循环数等说明。

③ 若存在基于 NO_x 排放限值进行监测判定的故障，应在此处说明其监测策略、限值以及验证条件和验证循环等必要信息。

④ 驾驶性能限制激活的特殊条件，如基于安全因素，需要停机再次开机后启动驾驶性能限制系统，同时说明原因。

⑤ 反应剂罐和定量给料系统说明，是否带加热系统，解冻验证试验时是否需要发动机带负载运行，非加热系统低温验证的工况和预热运转时间要求等。

⑥ NCD 和 PCD 关键零部件清单（与质保清单不同，只需要列出与 NCD/PCD 相关的零部件）。

⑦ 其他。

（4）NCD 和 PCD 概述

对 NCD 和 PCD 的各子系统及其中的部件和功能进行简单描述。

1）一般部件

① 环境温度传感器

环境温度传感器安装在机械 ×××× 处，避免阳光直射，用来测量实际环境温度。该温度信号直接用作反应剂喷射系统的解冻输入条件。如果该传感器失效，将导致冬季低温环境下，反应剂无法解冻。有时也用来做低温发动机冷启动燃烧参数的修正或用作 NCD 监测的边界条件。如果该传感器失效，低温环境下的燃烧参数和 NCD 监测将受到影响。

② 大气压力传感器

大气压力传感器用来测量大气压力值，该值用来计算 EGR 率设定值和进行喷油控制。该传感器安装在 ECU 上，通过隔膜与大气相连，不易受外界潮湿环境的影响。该传感器用作 NCD 监测的边界条件，有时也用来做低温发动机冷启动燃烧参数的修正，如果该传感器失效，高海拔的燃烧参数和 NCD 监测将受到影响。

③ ××××（如适用，请添加其他部件）

2）EGR 系统

EGR 阀用来控制废气再循环 EGR 的废气循环质量，安装在 EGR 冷却系统之前。如果该部件损坏将导致废气循环控制不能正常工作，使发动机排放受到影响。

3）SCR 后处理系统

① SCR

SCR 安装在排气管路末端，DPF 之后；使用反应剂溶液处理发动机尾气中的

NO_x。如果该部件失效，发动机燃烧产生的 NO_x 将会泄漏到大气中，影响后处理排放。

② 反应剂箱液位传感器

反应剂箱液位传感器用来测量反应剂箱中反应剂的存量，该值用来监测反应剂箱是否空了及是否需要添加反应剂溶液。如果该传感器失效，驾驶员将无法准确知道反应剂容量，无法及时添加反应剂，可能导致 SCR 无法建压正常喷射，影响后处理排放。

③ 反应剂品质质量传感器

反应剂品质质量传感器用来测量反应剂箱中反应剂的品质质量，该值用来监测反应剂箱中反应剂溶液是否满足标准要求。如果该传感器失效，SCR 系统将无法获知反应剂品质，有可能不合格的反应剂溶液被使用从而导致后处理排放超标，或者损坏 SCR 喷射系统。

④ 反应剂喷射阀

反应剂喷射阀用来将设定的反应剂溶液喷入催化器前的排气管中。如果该部件失效，系统将无法完成正常喷射，从而导致后处理排放受到影响。

⑤ 下游氮氧传感器

氮氧传感器安装在 SCR 催化器后的排气管上，用来监测尾气中的 NO_x 含量。氮氧传感器正常工作前需要加热到一定温度，此时应保证排气管中无水滴凝结，否则可能会造成传感器损坏。如果该部件失效，将无法进行正常 SCR 的 OBD 效率监控，以及 SCR 闭环的修正。

⑥ ××××（如适用，请添加其他部件）

4）DPF 系统

① 压差传感器

安装在 DPF 两端，用来测量尾气流经 DPF 时两端的压力变化，如果该传感器失效，将无法进行 DPF 的堵塞和移除诊断。

② DPF（颗粒捕集器）

DPF 安装在排气管路末端，SCR 之前，DOC 之后，用来捕集碳颗粒。如果该部件失效，发动机燃烧产生的颗粒污染物将会泄漏到大气中，影响后处理排放。

（5）NCD 和 PCD 监测原理描述

对 NCD 监测的系统或部件的监测技术和原理进行描述，包括该系统或部件诊断的监测项目，每个监测项目的监测策略、故障判定规则、诊断逻辑图等。所列系统或部件，应包括但不限于 HJ 1014—2020 附录 C 所要求的项目。若生产企业认为某一特定的监测项目需要两个以上的 NCD 试验循环来完成监测，或者某一特定的监测项目不需要 NCD 试验循环以停机作为区分，则应在此处给出说明和描述，并在扩展文档中给出详细的证明材料和相应参数等。示例如下：

1）EGR 系统的监测

NCD 通过监测废气再循环控制器的控制偏差来检测废气再循环系统（图 3-3）。此检测仅在废气再循环系统处于闭环控制时进行。基于发动机转速和实际喷油量，NCD 计算出控制偏差的允许范围。如果控制偏差的实际值超出允许范围的上限值，则检测到正向偏差故障；如果实际值低于下限值，则检测到负向偏差故障。正向偏差故障可能是 EGR 阀卡死于常开位置造成的，负向偏差故障可能是 EGR 阀卡死于常闭位置造成的。

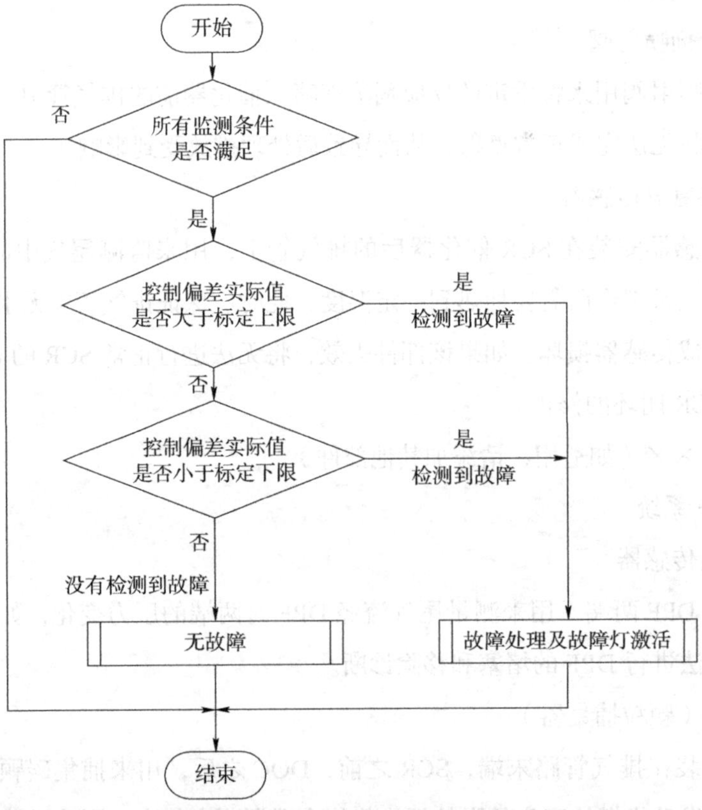

图 3-3　EGR 系统控制偏差检测流程

2）DPF 颗粒捕集器移除或堵塞的监测

为了能够诊断出颗粒捕集器是否被移除或堵塞，需要在稳态的情况下同时记录空气流量和其对应的压差信号值。ECU 持续寻找当前驾驶循环下的最大压差和废气流量，并记录在存储空间中。由于压差传感器信号存在偏差，记录存储的压差值需采用最新的偏差修正后的值，如果修正后的压差值在标定时间内持续小于标定限值，将诊断出颗粒捕集器移除或失效故障。实际的监控最大压差值将与根据存储的流量计算出来的压差限值进行比较。实际评测在驾驶循环结束的时候给出。由于本项目配置了颗粒传感器，DPF 移除或完全失效的情况下，DPF 的颗粒过滤效率非常低；此时 DPF 的效率监控也会报出故障。在故障报出后，售后维修人员凭目测即可判断 DPF 是否移除或是效率低故障。

颗粒捕集器移除或堵塞诊断流程如图 3-4 所示。

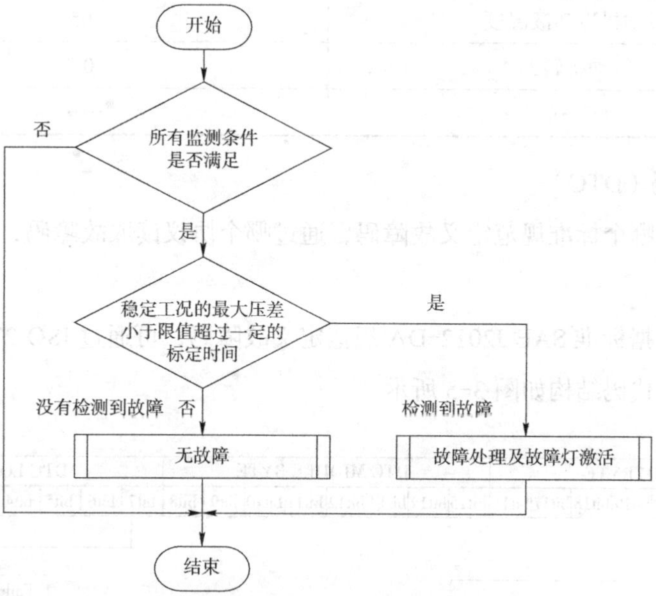

图 3-4　颗粒捕集器移除或堵塞诊断流程

（6）防止损坏、篡改和更改排放控制计算机的各项措施

描述防止损坏、篡改和更改排放控制计算机的各项措施，包括硬件方面和软件方面。描述一旦被篡改后的诊断措施及补救方法等。

（7）适用的诊断接口、诊断仪通信简述

1）诊断接口

描述诊断接口形式、标准、位置等信息（按发动机认证试验时的实际情况申报，在机械上的位置由非道路机械制造企业按机械上的实际情况在机械部分申报）。

2）通用诊断仪通信

描述通信协议及标准、波特率等信息。

3）输出的数据信号

描述诊断仪通过哪种协议可获取哪些信息，包括发动机数据信号、故障码、计数器、限扭激活、严重性能限制激活等。

① 发动机数据信号

对诊断仪通过协议能获取的发动机数据信号进行描述，可通过表 3-11 的形式进行说明（应注明表 3-11 中的数据哪些可由通用诊断仪读取）。

表 3-11　发动机数据信号参数标识符（PID）

描述	PID 号
发动机计算负荷值	04
发动机冷却液温度	05
发动机转速	0C
……	……

② 故障码（DTC）

说明依据哪个标准规范定义故障码，通过哪个协议读取故障码，并对故障代码结构进行说明。

例如，依据标准 SAE J2012-DA 规范定义故障码，可通过 ISO 27145 协议读取故障码，故障代码结构如图 3-5 所示。

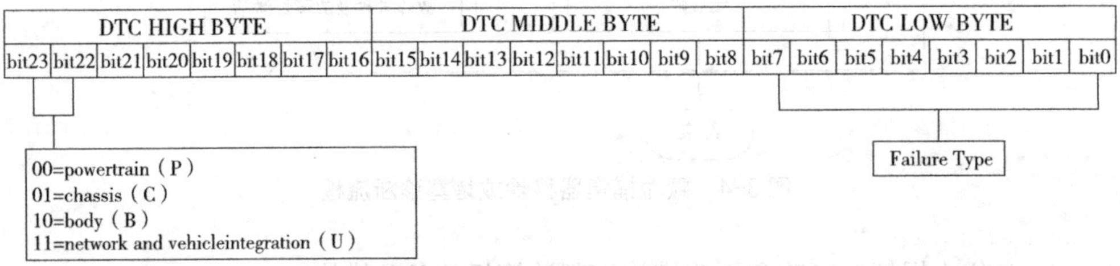

图 3-5　故障代码结构

③ 其他说明

（8）NCD 和 PCD 监测中断条件说明

对 NCD 监测中断的条件进行说明，如海拔、环境温度、冷却液温度、安全等。

3.3.2.2　第二部分　NCD 和 PCD 故障清单

以 Excel 表格的格式上传至机动车环保信息公开系统，内容及填写说明和示例见表 3-12。

表 3-12　故障码清单

部件	所属系统	故障码		监测策略	故障监测准则	故障激活准则	驾驶员报警系统激活	二级参数	预处理循环及数量	验证试验	特殊要求	备注
		P Code 或 SPN	FTB（如有）或 FMI									
填写部件名称	NCD/PCD			填写故障的监测策略	填写故障判定条件	填写 DTC 确认激活策略	填写驾驶员报警系统激活策略	填写监测用辅助参数	填写验证试验前的预处理循环，原则上无预处理	填写验证时的循环数量及循环名称	如验证时循环间不停机等	其他未尽事宜

注：验证试验循环数量超出标准要求的试验循环数量时，应对其进行说明。若针对某一特定监测项，需要使用替代 NCD 或 PCD（NRTC 或 NRSC 除外），发动机生产企业应在此处提供技术考虑、模拟、试验结果等要素的说明，以及验证循环要求。

3.3.2.3 第三部分 在用符合性声明

柴油机生产企业和机械生产企业应分别按照 HJ 1014—2020 附录 C 和附录 D 的要求，编辑在用符合性声明。在用符合性声明应加盖单位公章后，扫描成 PDF 文档在机动车环保信息公开系统中上传。

3.3.2.4 第四部分 扩展文档的说明

扩展文档应由企业按照 HJ 1014—2020 附录 A 第 A.3.2.3 条的要求进行编辑，包括但不限于以下内容。其中"辅助排放控制策略"和"基础排放控制策略"部分如果内容较多，可以单独成文并作为文件包的一部分提交。扩展文件可以由企业自己留存，也可以上传到机动车环保信息公开平台系统。

（1）辅助排放控制策略

辅助排放控制策略的详细操作信息说明，包括辅助排放控制策略的修订参数、工作边界、可能启动辅助排放控制策略的情况说明。

（2）基础排放控制策略

基础排放控制策略的详细操作信息说明，包括燃料供给系统的控制逻辑、正时策略和所有工况期间切换点的说明。

（3）NCD 和 PCD 监测策略

详细说明各监测系统的策略和决策过程。

（4）故障诊断

1）故障诊断的监测方法；

2）在正式文档故障代码表格的基础上增加一列，描述该故障代码的诊断触发条件（转速、扭矩、水温、排温、流量等），以及相应的故障判断阈值；

3）故障代码存储方法准则；

4）监测的"时间长度"（即运行时间 / 完成监测的必要过程）及监测"频率"（如连续或每循环一次等）。

（5）NCD 和 PCD 系族的相关文档

应提供 NCD 和 PCD 系族的说明，该说明应包括描述 NCD 和 PCD 系族内的发动机类型的清单、源机发动机系统的描述及 HJ 1014—2020 附录 C 和附录 D 要求的能够代表 NCD 和 PCD 系族的所有技术特征描述。若 NCD 和 PCD 系族包含的发动机属于不同发动机系族，则应提供该发动机系族的简要说明。此外，生产企业应列举出所有的电子输入 / 输出清单，以及各 NCD 和 PCD 系族使用的通信协议。

（6）配备 NCD 和 PCD 的发动机安装于机械的文档说明

发动机生产企业应提供 NCD 和 PCD 在机械上的正确安装说明，以确保机械在使用时满足 HJ 1014—2020 的要求。该说明应基于 NCD 和 PCD 系族的基本设计参数、验证测试结果等，并且需说明下述要素和 HJ 1014—2020 的要求一致：

1）安装到机械上需考虑与发动机 NCD 和 PCD 的兼容性；

2）报警系统指示器、短消息显示系统和声音报警系统（图形、激活原理等）；

3）有线通信接口。

（7）其他未尽事宜说明

第 4 章　型式检验流程

4.1　发动机排气污染物及耐久性试验流程

4.1.1　型式检验项目、试验次数排放限值

依据 GB 20891—2014 和 HJ 1014—2020 的要求，非道路移动机械用柴油机型式检验项目及相应限值如表 4-1～表 4-3 所示。

表 4-1　非道路移动机械用柴油机型式检验排放测试项目及试验情况

<table>
<tr><th colspan="4">试验项目</th><th>是否进行试验</th><th>试验数量</th><th>试验用燃料</th></tr>
<tr><td rowspan="10">标准循环</td><td rowspan="5">NRSC</td><td rowspan="3">气态污染物</td><td>PM</td><td rowspan="4">进行</td><td rowspan="4">1 次</td><td rowspan="13">国四标准柴油</td></tr>
<tr><td>PN [1]</td></tr>
<tr><td>NH_3 浓度 [2]</td></tr>
<tr><td colspan="2">CO_2 和油耗</td></tr>
<tr><td colspan="2">原机排放</td><td>进行</td><td>1 次</td></tr>
<tr><td rowspan="5">瞬态工况（NRTC）[3]</td><td rowspan="3">气态污染物</td><td>PM</td><td rowspan="4">进 行</td><td rowspan="4">1 次</td></tr>
<tr><td>PN [1]</td></tr>
<tr><td>NH_3 浓度 [2]</td></tr>
<tr><td colspan="2">CO_2 和油耗</td></tr>
<tr><td colspan="2">原机排放</td><td>进行</td><td>1 次</td></tr>
<tr><td>非标准循环</td><td>非标准循环 [4]</td><td>气态污染物</td><td>PM</td><td>进行</td><td>1 次</td></tr>
<tr><td colspan="4">再生验证</td><td>进行</td><td>至少 3 次</td></tr>
<tr><td colspan="4">耐久性试验</td><td>进行或按推荐劣化系数</td><td>按柴油机的有效寿命确定</td></tr>
<tr><td colspan="4">载体体积及贵金属含量 [5]</td><td>进行</td><td>1 套</td><td>—</td></tr>
</table>

注：[1] PN 测量适用于 37 kW≤P_{max}≤560 kW 的柴油机；

[2] 采用反应剂后处理系统需进行的检验项目；

[3] 不适用于 P_{max}＜19 kW 的单缸柴油机和恒速柴油机；

[4] 适用于电控燃油系统柴油机；

[5] 适用于进行耐久性试验的柴油机。

表 4-2　非道路移动机械用柴油机型式检验标准循环排放限值

阶段	额定净功率 (P_{max}) /kW	CO/ [mg/ (kW·h)]	HC/ [g/ (kW·h)]	NO_x/ [g/ (kW·h)]	HC+NO_x/ [g/ (kW·h)]	PM/ [g/ (kW·h)]	NH_3/ ppm	PN/ [个/ (kW·h)]
第四阶段	$P_{max}>560$	3.5	0.40	3.5，0.67[1]	—	0.10	25[2]	—
	$130\leqslant P_{max}\leqslant 560$	3.5	0.19	2.0	—	0.025		5×10^{12}
	$56\leqslant P_{max}<130$	5.0	0.19	3.3	—	0.025		
	$37\leqslant P_{max}<56$	5.0	—	—	4.7	0.025		
	$P_{max}<37$	5.5	—	—	7.5	0.60		—

注：[1] 适用于可移动式发电机组用 $P_{max}>900$ kW 的柴油机；

[2] 适用于使用反应剂的柴油机。

表 4-3　非道路移动机械用柴油机型式检验非标准循环排放限值

阶段	额定净功率 (P_{max}) /kW	CO/ [mg/ (kW·h)]	HC/ [g/ (kW·h)]	NO_x/ [g/ (kW·h)]	HC+NO_x/ [g/ (kW·h)]	PM/ [g/ (kW·h)]
第四阶段	$P_{max}>560$	7.0	0.80	7.0，1.34[1]	—	0.20
	$130\leqslant P_{max}\leqslant 560$	7.0	0.38	4.0	—	0.050
	$56\leqslant P_{max}<130$	10.0	0.38	6.6	—	0.050
	$37\leqslant P_{max}<56$	10.0	—	—	9.4	0.050
	$P_{max}<37$	11.0	—	—	15.0	1.20

注：[1] 适用于可移动式发电机组用 $P_{max}>900$ kW 的柴油机。

若一个柴油机系族中有多个功率段的柴油机，则源机和该系族内柴油机的排气污染物结果都必须满足相应的高功率段更加严格的排放要求，贵金属含量的测量值应不高于制造厂申报值的 1.1 倍。

4.1.2　机型备案参数获取

企业参数进行环保信息备案后，检测机构在试验前需要先通过机动车环保信息公开系统下载企业非道路移动机械用柴油机附录参数。

4.1.3　源机选择及排放试验方案确定

4.1.3.1　非道路移动机械用柴油机源机选择

源机（机械）应具有本系族中的最差排放水平，将最大扭矩转速时每冲程最高燃油供给量作为首选原则，确定发动机系族型式检验的源机。若有两台甚至更多的发动机符合首选原则，再根据额定转速，将每冲程最大燃油供给量作为次选原则。

4.1.3.2 排放测试试验方案确定

确定源机后通过对企业发动机配置进行分析，确定排气污染物试验方案、源机排放测试方案。柴油机排气污染物应使用 GB 20891—2014 附录 C 描述的系统测定，型式检验时应使用 GB 20891—2014 第 5.2.1 条所述的基准系统。其中，瞬态测试循环的颗粒物测量应使用全流稀释测试系统（单缸机除外）。若采用其他与基准系统等效的系统开展型式检验，须按照 GB 20891—2014 第 5.2.1 条提供材料进行说明，并经主管部门认可。气态污染物可选择在排气后处理下游在原始排气中直采测量，也可在稀释排气中连续采样积分测量或袋采样测量，其中 HC 和 NO_x 必须持续采样并通过积分计算污染物数值。源机排放根据检测中心条件能通过分析仪直采在后处理前端测量气态污染则进行直采测量，条件不允许时，可不测试源机状态下的颗粒物排放。若必须拆除后处理进行源机排放测试，则发动机生产企业应提供一套关闭发动机后处理相关诊断功能的 ECU，关闭的所有相关诊断项，须列表明确，试验结束后该列表随 ECU 由检测中心封存。在选择特殊技术路线或试验方案时，若企业与检测中心分歧较大，须向国家生态环境主管部门报备并获得认可后，以认可的试验方案开始试验。

4.1.4 测试台架安装

样品流转过程和台架安装过程的监控视频应保持无缝连接，视频清晰可见。后处理的安装位置按企业申报的最远距离安装，各后处理间的相对位置及后处理系统保温装置应按企业申报的方案进行安装，保温材料由企业提供且应与申报的描述一致、与安装在非道路移动机械上的状态一致。如有多种材料，应选择保温效果最差的进行试验。

因实际条件限制无法安装或拆除某附件，应由企业以正式文件形式向检测中心提交一份发动机系族所有机型的无法安装或拆除的附件吸收功率文件，包括从怠速开始至额定转速按 100 r/min 的转速间隔的附件吸收功率数据；数据应以表格形式提供，允许企业通过线性插值方式计算吸收功率，禁止使用功率曲线。附件吸收功率的文件需由检测中心保留备查。

试验边界条件相关的传感器安装位置按企业备案要求或按《汽车发动机性能试验方法》（GB/T 18297—2001）的规定确定。若按 GB/T 18297—2001 规定，则进气温度和湿度在发动机进气口上游 30～60 mm 处测量，进气压力在试验室内不受阳光和热辐射照射的部位测量；排气背压在排气歧管出口或增压器出口下游 75 mm 处测量；排气温度在排气歧管出口或增压器出口下游 50 mm 处测量且传感器端头应位于排气连接管的中心。进气阻力测量位置由生产企业规定，中冷压差及温度的测量位置由企业规定，燃料温度及测量点均由企业规定，冷却水温度在尽量靠近发动机冷却液出口和入口处测量，机油温度在主油道、主油道入口或其他有代表性的位置测量，机油压力在主油道或企业推荐的位置测量，所有温度测量传感器端头应位于测量位置的轴线中心处。

4.1.5　机型参数核对

检测机构在进行参数核对前，主检工程师须与视频管理人员确认所有试验相关视频已正常上传。应对企业所送样品进行视频监控下备案参数一致性核查。参数核查至少应包括 HJ 1014—2020 附件 AC 所有排放关键零部件，同时应连接 OBD 诊断仪读取并记录 ECU 软件标定号以备主管部门后期核查使用。所有核查记录须留存于检测中心备查。

4.1.6　燃料要求

型式检验时，试验燃料应使用符合 GB 17691—2018 附录 D.1 规定的基准燃油。喷油泵进口处燃油温度应为 306～316 K（33～43℃），或符合制造企业的规定。

4.1.7　磨合及后处理激活稳定

按 GB 20891—2014 附录 E 的要求安装测试台架，并按企业提供的磨合规范要求进行磨合。磨合结束后，按企业要求对发动机及后处理系统进行稳定处理。

4.1.8　标准测试循环试验流程（非标准循环排放测试应在 NRSC 通过后进行）

试验开始前，应再次确认视频监控系统与机动车环保网（VECC）已正常连接，各试验相关视频已上传，保证画面流畅清晰。整个试验过程中需保证视频系统正常工作。若视频系统中断，应及时通知 VECC，经同意后方可进行试验，否则试验无效。

4.1.8.1 发动机功率性能核查

按照发动机备案参数的要求，调整试验边界条件。对增压中冷发动机，在发动机额定工况下中冷后温度应尽量接近企业备案的名义值，整个试验过程不允许改变冷却介质的温度和流量；中冷压差应满足企业的规定。进气真空度尽量接近企业备案规定上限，并确保进气压力与制造企业规定的上限值差值不大于 100 Pa。排气背压尽量接近企业备案规定上限，并确保所测排气压力与制造企业规定的上限值差值不大于 1 000 Pa。

发动机校正功率和校正扭矩应满足 HJ 1014—2020 第 B.2 条柴油机性能检查型式检验时的要求：与柴油机生产企业的规定值相比，柴油机转速差别应在 ±1.5% 以内，额定净功率的差别不大于 ±2%（37 kW 以下为 ±4%）；最大净扭矩的差别不大于 ±4%（37 kW 以下为 ±8%）。若性能核查不满足上述条件即可终止试验，企业需重新送样并重新进行试验。

对于电控燃油系统柴油机，在性能核查试验中应同时记录台架测试数据和 OBD 诊断仪数据流转速、扭矩等相关数据，核查校正扭矩与数据流计算扭矩是否满足 HJ 1014—2020 第 E.4.1.3.2 条对该数据的一致性要求（7%）。

4.1.8.2 稀释系统参数选择

应根据外特性数据记录的发动机最大排气流量，选择合适的全流稀释定容采样系统（CVS）参数以保证该点总稀释比大于 4，且完全消除水在稀释和取样系统中的凝结，稀释空气在进入稀释系统前允许除湿（特别是对于具有较高湿度的稀释空气），稀释空气温度应为 25℃ ±5℃；颗粒物采样滤纸表面的温度应介于 47℃ ±5℃，对于 NRSC 颗粒物采样滤纸表面的温度应不超过 52℃。同时需满足颗粒物测试滤纸的迎面速度应在 35～100 cm/s 且整个试验过程中滤纸压力降的增加量不超过 25 kPa，滤纸的最小荷重应满足标准 GB 20891—2014 附件 BA.1.5.1.5 的要求。

4.1.8.3 发动机瞬态性能曲线（Power Map）测试

发动机功率性能核查完成后需再次核查发动机边界条件，对于带背压变化的后处理系统，排气背压需控制在企业备案最大排气背压的 80%～100%。当最大排气背压小于等于 5 kPa 时，则背压偏差应控制在 ±1 kPa（应尽量选择在对排放最不利的条件下进行测试）。其余边界条件同性能核查。

边界条件核查完成后柴油机在额定净功率状态下热机并稳定柴油机参数，之后卸载并在怠速下运行，然后在100%负荷的怠速下运行，接着按照转速平均增加率（8±1）（r/min）/s 或使用一个恒定速率在4～6 min 内增加到最大瞬态性能转速，完成发动机瞬态性能曲线（Power Map）测试，数据记录频率至少为1 Hz。在 Power Map 测试结束后，应计算并记录发动机低转速（n_{lo}）、高转速（n_{hi}）和基准转速（n_{ref}）。若实际测量的基准转速在柴油机生产企业申报值的 ±3% 以内，则采用柴油机生产企业申报值，否则采用实测值。

4.1.8.4　试验前滤纸准备

试验前至少1 h 应将滤纸置于温度保持在22℃ ±3℃、湿度保持在露点温度9.5℃ ±3℃和相对湿度45%±8% 的称重环境室内进行稳定处理。采用一对串联布置的初级滤纸和次级滤纸对稀释排气进行颗粒采样，次级滤纸应位于初级滤纸下游不超过100 mm 的地方并且不应该和初级滤纸接触。发动机排气颗粒物也可以采用满足 GB 17691—2018 标准要求的单滤纸进行测量。

4.1.8.5　预循环测试

根据企业需要，运行一个或几个预循环（NRTC 或 NRSC 可由企业自定），以检查发动机 / 试验单元 / 排放系统，试验边界条件复核可在预循环开始前进行。

4.1.8.6　NRTC 试验

（1）冷热 NRTC 排放试验

1）发动机及后处理系统冷却

NRTC 冷机过程不允许更换机油，须自然冷却不低于6 h。如果需要强制冷却，需证明润滑油、冷却液和后处理系统及其内核温度降至20～30℃并能保持至少15 min；如果不能证明，则不能强制冷却。

2）试验前系统准备

稀释系统应在试验程序开始前启动和预热直至稳定，应用零气和量距气对分析仪进行标定检查。

试验前滤纸称量：对于颗粒物取样滤纸的初级滤纸和次级滤纸可单独称重或将滤纸的污面对置后一起称重，需在取样滤纸称重的同时称重2张参比滤纸，其尺寸、材料和称重方式都应与取样滤纸保持一致，每张或每对滤纸需连续称量 3 次，取均值。取样滤纸直径最小为 47 mm（污面直径 37 mm），可选用 GB 20891—2014 表 BA.2 中更大直径的滤纸；称量后应在 8 h 内使用。滤纸称量前须除静电。

3）试验过程中的检查

柴油机一旦确定启动后，就开始“无负荷怠速”运行，在 23 s±1 s 时开始 NRTC 循环。柴油机转速和扭矩指令应以 5 次 /s 或以上（推荐 10 次 /s）发出。试验循环期间，柴油机转速和扭矩的反馈信号应每秒至少记录一次。

柴油机或试验循环启动时，测量设备应同时启动，试验完成时对稀释排气的容积测量、取样袋的气体取样和颗粒物取样泵的取样都应停止工作。对于积分式分析系统取样应继续进行，直至系统响应时间结束，系统响应时间应不大于 20 s。对于使用采样袋，冷启动气袋分析应在冷启动试验完成后 20 min 内进行，热启动气袋分析应在热启动试验完成后 20 min 内进行。

冷启动结束停机后，柴油机应在热浸状态保持 20 min±1 min；若使用了柴油机冷却风扇，应立即关闭冷却风扇；若使用了进气空调、CVS 风机，也应立即关闭。为进行热启动试验进行准备，应在热启动前启动 CVS（若使用了 CVS/ 若尚未启动 CVS）或将排气系统与 CVS 相连（若已断开），同时启动预热采样泵（除颗粒物采样泵外），并开启柴油机冷却风扇和数据采集系统。

发动机运转的试验过程中试验室环境大气因子 f_a 应保持在 0.96～1.06 范围内，若超差则试验无效；试验循环期间，需检查所有仪器设备，若任何测试设备发生故障导致试验数据无效，试验即刻终止，试验无效；若任何组分气态污染物测量值超出分析仪对应量程，试验即刻终止，试验无效；发动机若在冷启动试验循环期间熄火，则试验无效；若发动机在热启动试验过程中熄火，则热启动试验无效，冷启动若不影响气体分析，则冷启动有效，热启动需重做。试验过程应同时测量 CO_2 和燃料消耗量。

4）试验后有效性确认

试验循环结束后或热浸期间，需对气体分析仪使用量程的零点和距点使用相同的零气和量距气进行检查，试验前后两次测量结果的误差应在量距气数值的 2% 以内。测试滤纸应在试验结束后 1 h 内返回称重室，预置处理至少 1 h 但不能超过 80 h。在称量试验取样滤纸的同时称量参比滤纸，参比滤纸（对）的平均质量改变量超过推荐滤纸最小荷重的 ±5%（滤纸对 ±7.5%），则判定试验作废。若不采用流量补偿，颗粒物采样在整个测试循环中通过颗粒采样探头或输送管的流量，应控

制在设定流量值的 ±5% 以内。若采用流量补偿，则主稀释风道流量与颗粒物样气流量之比的变化不应超过其设定值的 ±5%（取样开始第一个 10 s 除外）。试验循环的碳平衡偏差应在 ±5% 以内（单缸机偏差应在 ±10% 以内），否则试验无效。

发动机实际循环功率 W_{act} 偏差应为 −15% W_{ref}～+5% W_{ref}。发动机循环回归性均应符合表 4-4 的要求，否则试验无效。热态回归分析作为判定项。

表 4-4　NRTC 回归线的允差

	转速	扭矩	功率
y 对 x 的估算值（SE）的标准偏差	≤最大试验转速的 5%	≤功率曲线分布图中最大柴油机扭矩的 10%	≤功率曲线分布图中最大柴油机功率的 10%
回归线的斜率（m）	0.95～1.03	0.83～1.03	0.89～1.03
相关系数（r^2）	最小为 0.970 0	最小为 0.850 0	最小为 0.910 0
回归线的 y 截距（b）	≤怠速的 10%	±20 N・m 或最大扭矩的 ±2%，取其较大者	±4 kW 或额定净功率的 ±2%，取其较大者

5）背景稀释空气浓度及背景颗粒物测量

启动颗粒物取样系统并在旁通条件下对稀释空气进行颗粒物取样，测量其背景颗粒物含量。如果稀释空气已经经过过滤处理，则在试验前或试验后测量一次即可。若颗粒物采样系统具备在试验过程中同时旁通取样背景颗粒能力，则也可在试验过程中对背景颗粒进行取样测试。若稀释空气未经过过滤，需要至少测量 3 次（启动后、接近试验循环中间和结束之前），然后求平均值。

对于通过测量 CO_2 和 NO_x 浓度控制稀释比的系统，应在每次试验开始和结束时测量稀释空气中 CO_2 和 NO_x 的含量，试验前后测量的稀释空气中 CO_2 和 NO_x 的背景浓度应分别在 100 ppm 和 5 ppm 以内。当使用稀释排气分析系统时，相关的背景浓度应该根据整个试验过程中采入取样袋的稀释空气确定。连续背景浓度测量（无需取样袋）至少需在试验前、接近试验循环中间和试验后测量 3 次并求平均值。在制造企业要求下，背景测量可以被忽略。

（2）再生方式及再生周期确认

在国四标准的排放验证过程中，企业申报的再生方式（连续再生、周期再生）及周期性再生的再生周期 n 应通过实际的再生验证循环（非恒速机采用 NRTC，恒速机采用 NRSC）进行验证，验证过程中应记录颗粒物后处理系统前后排气温度、排气背压等参数。如果申报为连续再生方式，在 100 h 验证过程中，在各个验证循环间记录的参数不应有突变；如果申报为周期性再生方式，需验证再生周期 n。若

再生周期 n 实测值大于申报值，则采用企业申报值；若再生周期 n 实测值小于申报值，则采用实测值，同时企业须更正备案值。对于申报值大于 100 h 的周期性再生，只进行 100 h 试验验证。如 100 h 内未发生再生，则采用企业申报值；若 100 h 内发生了再生，则采用实测值，同时企业须更正备案值。

（3）连续再生验证—NRSC 或热态 NRTC 试验

在后处理系统稳定后，需对连续再生后处理系统至少进行 3 次热态 NRTC 或 NRSC（额定净功率 560 kW 以上及恒定转速柴油机用 NRSC 替代 NRTC），验证再生过程，其中首次热态 NRTC 需在额定点或按企业要求工况热机，直至额定净功率下所有的温度和压力均达到稳定，柴油机停机后，按冷热态 NRTC 浸机方式进行 20 min 热浸，然后开始第一次热态 NRTC 试验。其他两次试验均需进行热浸 20 min。3 次循环颗粒物质量比排放结果与 3 次平均值的偏差小于 ±25% 或 0.005 g/（kW · h）（两者中的大者），则认为排气后处理系统是连续性再生的。

（4）周期再生验证—NRSC 或热态 NRTC 试验

如再生周期超过 100 h，而再生又具备明确的再生周期则建议按周期再生申报；连续再生若具有周期的安全模式，且安全模式可基于 NRSC 或热态的 NRTC 次数进行触发再生，则建议按周期再生申报。

周期性再生验证需进行至少 3 次热态的 NRTC（额定净功率 560 kW 以上及恒定转速柴油机用 NRSC 替代 NRTC），包括 2 次再生过程之外、1 次再生期间。再生过程之外的平均比排放应通过几个近似的热态 NRTC 测试结果的算术平均值获得，在发生再生前尽可能接近再生时应至少测试一次。在再生结束后，可根据生产企业要求进行预处理，但不应超过 5 h，然后再进行至少一次热态 NRTC 试验。再生期间热态 NRTC 运行一次，若试验期间无法完成再生，应连续进行完整的多次循环直至再生完成，中间无须停机和热浸，结果取所有试验循环的平均值。企业也可提供证据（证据应在检测中心测试获取），若 2 次再生之间测试结果与 3 次平均值的偏差小于 ±25% 或 0.005 g/（kW · h）（两者中的大者），则只需进行一次热态 NRTC 试验。

再生验证时，企业可提供一个接近再生的后处理系统，或在试验室按企业提供的工况快速进行碳载量累积，使后处理系统尽可能接近再生条件。热机和热浸条件同连续再生验证试验一致。验证过程中可配备一个开关（可以是软件或实物），使之能够阻止或允许再生发生。再生因子的计算应按照 HJ 1014—2020 标准 B.5.4 公式进行，在检验报告中应注明相加的再生因子或相乘的再生因子。因 ECU 可能会通过碳累积模型计算相关碳载量以触发再生模式，而仅仅依靠提供接近再生的后处理，无法触发再生模式，因此，为真实地模拟再生过程，建议企业在进行周期再生验证时，配备碳累积的 ECU；在再生前的热态 NRTC 时，关闭再生功能，使之阻止该过程再生；在再生循环的热态 NRTC 时恢复正常功能，使之实现自动再生。再生开关仅用于在当前满足再生条件时阻止再生发生。

4.1.8.7　NRSC 试验

试验前预循环处理、稀释系统和分析仪检查、滤纸称量同 NRTC。若采用多滤纸法，则需每个工况称量 1 对 / 张取样滤纸。

循环开始前应在额定点条件下预热发动机和稀释系统，直到温度和压力达到制造企业规定的要求。稳态试验循环按 GB 20891—2014 中附录 B 第 B.3.8.1 条表 B.1、表 B.2 或表 B.3 规定的对应循环按工况号顺序依次进行试验；试验循环中每工况过渡阶段以后，柴油机转速和扭矩须保持稳定，转速偏差应在额定转速的 ±1% 或 ±3 r/min（取较大者）以内，扭矩平均值应在试验转速下最大扭矩的 ±2% 以内。

每工况最少运行时间为 10 min。若需要更长的取样时间以便在滤纸上获得足够的颗粒物质量或达到企业要求的颗粒物和气体污染物取样稳定状态，试验工况时间可根据需要延长。颗粒物采样和气态污染物测量应同时进行，且应在每个工况的最后 3 min 内进行。单滤纸方法每工况取样时间最少为 20 s，多滤纸方法每工况取样时间最少为 60 s，对没有旁通功能的系统单滤纸和多滤纸方法每工况取样时间最少为 60 s。

试验循环结束后的相关检查与 NRTC 试验相同。试验循环的碳平衡偏差应在 ±5% 以内（单缸机偏差应在 ±10% 以内），否则试验无效。

4.1.8.8　标准测试循环结果判定

NRTC 和 NRSC 所有组分的排气污染物经过再生因子校正和劣化系数处理后满足排放限值要求则合格，任一污染物的结果超出排气污染物的限值则不合格。CO_2 排放和燃料消耗量结果仅需记录，不需进行再生因子校正及符合性判定。

4.1.8.9　标准测试循环原机排放测试

应对后处理前端的原机排放按 NRTC 和 NRSC 进行测试。测试流程和有效性判定同上，但污染物的测量方式可按试验室实际情况自行选择并进行记录。原排试验若能直采测量则采用直采测量；若需拆除后处理进行原排，建议提供另一套

ECU，该ECU需关闭后处理相关诊断功能，以免具备闭环控制的后处理系统拆除后，影响源机排放。更改的项目须以表格的形式进行明确，试验结束后该表随ECU由检测中心封存。

4.1.9 非标准循环

适用于电控燃油系统柴油机。

4.1.9.1 非标准循环试验工况选择

若实测转速A、B、C与柴油机生产企业申报的柴油机转速相差 ±3% 以内，则应使用柴油机生产企业申报的转速；若任何试验转速超过公差范围，则应使用实际测得的柴油机转速。根据标准 HJ 1014—2020 中附录B图B.1、图B.2或图B.3确定型式检验柴油机的非标准循环排放区，并在该区域通过软件自动选择最少3个试验工况点，试验用台架应具备工况点随机自动选取功能。

恒定转速柴油机应在额定转速及最大功率点扭矩的 50%～100% 的扭矩范围确定非标准循环排放随机点。

4.1.9.2 非标准循环试验

试验前稀释系统和分析仪检查、滤纸称量同NRTC。

应在GB 20891—2014附录B.3.8规定的稳态循环结束后，进行非标准循环排放测试。试验点的运行顺序可随机选择。试验应根据稳态循环的要求进行，每个试验点使用1对/张滤纸进行试验。排放值的计算采用与稳态循环相同的计算方法，且应对每个试验点计算出各自的污染物排放值。气态污染物和颗粒物计算时，工况数和加权系数应设置为1。

4.1.9.3 试验后有效性确认

试验循环结束后的相关检查与NRTC试验相同。试验循环的碳平衡偏差应在 ±5% 以内（单缸机偏差应在 ±10% 以内），否则试验无效。

4.1.9.4 非标准循环试验结果判定

试验结果判定：每个试验工况点的各组分污染物比排放量均不超过表4-3的限值，则视为合格，否则为不合格。

4.1.10　耐久性试验

4.1.10.1　耐久试验流程

企业进行信息公开时，可以选择进行实际耐久测试以确定劣化系数，或直接使用标准指定的相乘的劣化系数。推荐的相乘的劣化系数如表 4-5 所示。

表 4-5　各污染物指定的劣化系数

污染物	CO	HC	NO_x	PM	PN	NH_3
劣化系数	1.3	1.3	1.15	1.05	1.0	1.0

若企业已使用指定劣化系数完成信息公开，选择进行耐久实测确定劣化系数或劣化修正值，替代表 4-5 中的指定劣化系数，企业可在发动机信息公开（含入库）后的 1 年内完成耐久实测，以实测劣化系数替换指定劣化系数。

发动机在台架上运行耐久性试验，企业应基于良好工程方法采用能够代表在用柴油机排放性能劣化的试验循环，耐久性时间应不少于 GB 20891—2014 表 1 中规定最短试验时间。可采用加速劣化耐久方法，相关的加速劣化因子由企业根据良好的工程方法来确定，同时需确定排放测试的里程间隔。

基于 NRSC 的快速劣化试验可以遵从以下原则：等油耗原则（发动机消耗的燃料总和与采用快速劣化试验工况进行试验时消耗的燃料总和相等）、等功原则（发动机发出的功的总和与采用快速劣化试验工况进行试验时发出的功的总和相等）。

耐久循环：对于非恒速发动机，每个排放间隔至少包含 10% 的 NRTC 瞬态工况（时间占比）。

应在磨合期结束时、耐久性试验结束时和耐久性试验期间选择 5 个以上间隔点进行排放测试，测试点之间的间隔应均匀分布。可在耐久性试验间的所有排放测试点均开展热态 NRTC 测试和 NRSC 测试，也可选择在耐久起点和终点进行热态 NRTC 测试和 NRSC 测试，耐久过程中的其他排放测试点仅进行热态 NRTC 测试或 NRSC 测试中的一种，确定的劣化系数或劣化修正值适用于两个循环。对周期再生，若热态 NRTC 期间发生再生，则本次测试不纳入计算，待周期再生后再重新进行非再生的排放测试。通过合适的回归方程，确定有效寿命终点和起点的排放；对于安装排气后处理的柴油机，通过每种污染物有效寿命终点和耐久起点的排放比确定各污染物的相乘的劣化系数（DF_i）；对于不安装排气后处理的柴油机，通过每种污染物有效寿命终点和耐久起点的排放差值确定各污染物的相加的劣化修正值（DC_i）。对于安装排气后处理系统的柴油机，经生产企业要求及主管部门批准后也可使用相加的劣化系数。

4.1.10.2　耐久过程中的维护保养

企业应在提交耐久性试验申请时，对耐久过程中的发动机保养提出详细的计划。耐久性试验期间，除了企业推荐的日常维护或按保养计划保养外，不可对排放关键零部件进行维护或替换。

在整个耐久性试验期间，如果除发动机排放控制系统或燃料系统以外的其他发动机零部件，出现失效或导致发动机系统故障，可进行修理。

耐久性试验期间，如果发动机本身排放控制系统或燃料系统出现故障，则认为耐久性试验无效。应使用新的发动机重新进行耐久性试验。

4.1.11　贵金属含量检测

对于需要进行耐久实测的柴油机型，若该机型装用含有贵金属的后处理，在型式检验前生产企业应提供两套相同的后处理，主管部门可任选一套进行型式检验，另一套按 HJ 509 的规定检测其载体体积及贵金属含量。贵金属的测量值不高于生产企业申报值的 1.1 倍，则视为合格，否则为不合格。

4.2　发动机 NCD、PCD 验证试验流程

4.2.1　试验内容

非道路移动机械用柴油机装配有任何影响 NO_x 排放的污染物控制系统（如 SCR、EGR 等）时，应在型式检验时进行 NCD 验证试验；装配有影响颗粒物排放的 DPF 后处理系统时，应在型式检验时进行 PCD 验证试验。NCD 和 PCD 验证试验的主要内容如表 4-6 所示。对具有两级驾驶性能限制的 NCD 或 PCD，均需开展初级驾驶性能限制系统激活验证和严重驾驶性能限制系统验证；对于使用液态反应剂的 NCD，还应开展反应剂罐和定量给料系统反应剂防冻演示试验和 CD_{min} 正确值的验证。

表 4-6　NCD 和 PCD 验证试验的主要内容

类别		试验项目
NO_x 控制装置相关试验	NCD 验证试验	驾驶员报警系统激活验证
		初级驾驶性能限制系统激活验证（如适用）
		严重驾驶性能限制系统激活验证
		反应剂罐和定量给料系统反应剂防冻演示试验（如适用）
		CD_{min} 正确值的验证（如适用）
颗粒物控制装置相关试验	PCD 验证试验	驾驶员报警系统激活验证
		初级驾驶性能限制系统激活验证（如适用）
		严重驾驶性能限制系统激活验证

4.2.2　试验条件

开展 NCD 和 PCD 验证试验前，应检查环境条件和柴油机冷却液温度是否满足以下条件：

（1）环境温度在 −7～38℃；

（2）海拔不超过 1 700 m；

（3）柴油机冷却液温度高于 70℃。

当 NCD 中使用反应剂时，对于反应剂存量的验证，不受以上条件的限制；当使用液态反应剂时，在反应剂未冻结的任何条件下均可开展反应剂不足的验证。

4.2.3　试验故障项

4.2.3.1　NCD 验证试验故障项

在开展 NCD 验证试验时，应至少选择两项故障，检测机构和生态环境主管部门可视情况增选故障项开展 NCD 验证试验。对于采用反应剂的 NCD，应将反应剂不足作为其中　项试验项，其余的故障项应从企业备案的其他 NCD 故障项中随机选取；对于未采用反应剂的 NCD，试验故障均应从企业备案的 NCD 故障项中随机选取。如果后处理系统未采用 SCR，则 EGR 卡滞诊断应作为必做项进行验证。在必做项目的基础上，建议再选择 3 个故障开展验证；在选择试验项目时，建议优先选择反应剂质量差的监测，其余项目按企业报备选择。NCD 试验故障项的示例如表 4-7 所示。

表 4-7 NCD 试验故障项示例

故障类	故障项	
必做项	反应剂不足	
随机项	企业备案的其他 NCD 故障	反应剂质量差
		反应剂定量喷射中断
		EGR 阀卡滞
		监测系统的故障
		……

4.2.3.2 PCD 验证试验故障项

在开展 PCD 验证试验时，应至少选择两项故障，检测机构和生态环境主管部门可视情况增选故障项开展 PCD 验证试验。其中应将颗粒物后处理系统移除作为其中一项试验项，其余的故障项应从企业备案的其他 PCD 故障项中随机选取。在必做项目的基础上，建议再选择 3 个故障开展验证。PCD 试验故障项的示例如表 4-8 所示。

表 4-8 PCD 试验故障项示例

故障类	故障项	
必做项	颗粒物后处理系统移除	
随机项	企业备案的其他 PCD 故障	颗粒物后处理系统堵塞
		颗粒物后处理系统载体完全移除
		PCD 的电路故障
		传感器或执行器移除故障
		……

NCD 和 PCD 族系中发动机族系增加，不增加 NCD 和 PCD 的测试项目。

4.2.4 试验流程

4.2.4.1 试验准备和要求

试验前，企业可选择使用车载驾驶员报警灯，或者外接指示灯作为验证试验用驾驶员报警灯。不允许在缺失报警灯状态下开展试验。试验前需要先通过机动车环保信息公开系统获取企业 NCD 或 PCD 文档，明确通信协议。通信协议应至少采用以下标准协议中的 1 种：

（1）基于 ISO 15765-4 的 ISO 27145（基于 CAN 协议）；

（2）基于 ISO 13400 的 ISO 27145（基于 TCP/IP 协议）；

（3）SAE J1939-73；

（4）ISO 15031。

试验前，须完成发动机性能及排放测试，以确认发动机及后处理系统是否正常。试验应采用 HJ 1014—2020 规定的基准燃料进行，试验用反应剂应符合 HJ 1014—2020 的要求。每项故障都应单独进行测试。测试前所有的诊断故障码应全部擦除。试验过程中除正在验证的故障外，不应有其他不相关的故障发生。

4.2.4.2　NCD 验证试验流程

（1）报警系统激活验证

1）反应剂不足报警系统激活验证

反应剂不足的报警系统激活验证分两步：

① 验证反应剂不足时报警系统的激活，应按照企业的预判，运行一个或多个 NCD 循环。进行验证试验时，反应剂存量应为生产企业与检测机构都同意的水平，但不能低于储罐标称容量的 10%，此时报警系统应激活。

② 完成第①步后，继续运转发动机以消耗反应剂。当反应剂存量高于或等于企业备案文档中申明的连续报警激活设定值（该设定值应高于驾驶性能限制系统的激活设定值）时，连续的驾驶员报警系统应激活。

当报警系统按第①步激活，同时连续的驾驶员报警系统按第②步也正确激活，若该过程有故障信息，且故障信息与企业备案信息一致，则判定验证合格，否则不合格（在不影响其他功能的前提下，验证中可从储罐内抽取反应剂来模拟发动机的持续运转过程，该信息须在 NCD 文档中报备）。

2）其他 NCD 故障报警系统激活验证

除反应剂不足外，应从反应剂质量监测、反应剂喷射动作监测、因篡改导致的故障监测中再选择故障进行验证。为验证篡改引发故障而导致驾驶员报警系统激活，柴油机生产企业应向生态环境主管部门提供此类潜在故障的清单。

对于反应剂质量差的故障，其试验用反应剂浓度至少应稀释至 CD_{min} 浓度，试验前需对反应剂浓度进行仪器检测并在试验记录或检验报告中对检测故障项目的描述时清晰注明反应剂浓度。

对于EGR等其他故障的引入或模拟应遵循标准要求或企业备案的NCD文档要求，建议型式检验时，故障件由企业直接提供。若采用其他的故障模拟方式，如电子模拟方式，需征得企业同意和认可。

一旦确认该NCD故障被正确引入或模拟，在开展该项验证前，应检查试验条件是否符合标准要求，特别是柴油机水温。试验条件符合标准要求后，启动柴油机开始两个连续NCD试验循环运转，每个单独的NCD试验循环可通过柴油机停机进行区分，该停机过程需考虑停机后可能发生的任何监测行为以及在下次启动时监测发生的任何必要条件。若对在企业备案的NCD文档中明确说明的某故障，其故障监测需要两个以上的NCD试验循环才能完成监测的，或者该故障监测不需要连续的NCD试验循环以停机区分的情况，应遵循企业备案的NCD文档要求进行操作。

若在两个连续或企业备案要求的NCD试验循环数内，驾驶员报警系统被激活且所选故障的DTC处于“确认且激活的”状态，同时故障信息与企业备案信息一致，则判定该项验证合格，否则不合格。

当企业备案的NCD文档明确说明了某故障是基于NO_x限值进行判定的，在开展该项故障的报警系统激活验证前，应按企业备案的NCD文档说明的故障排放测试循环对故障状态下柴油机的实际尾气排放进行测试，以判定故障是否被正确引入或模拟。若实测的NO_x排放不满足企业备案的NCD文档规定的NO_x限值要求，则需重新引入或模拟故障，直至故障状态的实测NO_x排放满足要求。

（2）初级驾驶性能限制系统激活验证

1）反应剂不足

当连续的驾驶员报警系统激活后，应持续运转柴油机直至反应剂存量达到储罐标称容量的2.5%或达到柴油机生产企业在备案的NCD文档中明确的更高设定值，初级驾驶性能限制系统应激活。

若初级驾驶性能限制系统在达到储罐标称容量的2.5%或达到柴油机生产企业在备案的NCD文档中明确的更高设定值时或之前已经激活限扭策略，同时最大扭矩转速至额定转速之间的扭矩降低比例至少达到25%，最大扭矩转速以下转速段的扭矩未超过扭矩限制后的最大扭矩，则认为初级驾驶性能限制系统激活验证已完成，且判定该项验证合格，否则不合格。

对于企业备案的NCD文档明确说明基于安全因素，需要停机后再次开机启动驾驶性能限制系统的，应按照企业要求停机后重启发动机（在不影响其他功能的前提下，验证中可从储罐内抽取反应剂来模拟发动机的持续运转过程，该信息须在 NCD 文档中报备）。

2）除反应剂不足以外的其他 NCD 故障

当报警系统激活验证判定合格后，应持续运转带故障的柴油机，直至持续运行小时数达到标准规定的小时数（反应剂质量差、反应剂定量喷射中断等故障时间为 10 h，EGR 阀卡滞、监测系统等故障时间为 36 h）或企业规定的更短运行小时数，初级驾驶性能限制系统应激活。

若初级驾驶性能限制系统在达到标准规定的小时数（10 h/36 h）或企业规定的更短运行小时数时已经激活限扭策略，同时最大扭矩转速至额定转速之间的扭矩降低比例至少达到 25%，最大扭矩转速以下转速段的扭矩未超过扭矩限制后的最大扭矩，则认为初级驾驶性能限制系统激活验证已完成，且判定该项验证合格，否则不合格。

对于企业备案的 NCD 文档中明确说明基于安全因素，需要停机后再次开机启动驾驶性能限制系统的，应按照企业要求停机后重启发动机。

（3）严重驾驶性能限制系统激活验证

1）反应剂不足

当初级驾驶性能限制系统验证判定合格后，应持续运转柴油机直至反应剂用尽或达到柴油机生产企业在备案的 NCD 文档中明确的更高设定值，严重驾驶性能限制系统应激活。

若严重驾驶性能限制系统在反应剂用尽时或达到柴油机生产企业在备案的 NCD 文档中明确的更高设定值时或之前已经激活严重驾驶性能限制机制，同时柴油机扭矩降低至 50% 或更低，对于非恒速柴油机转速降低至额定转速的 60% 或更低，则认为严重驾驶性能限制系统激活验证已完成，且判定该项验证合格，否则不合格。

对于企业备案的 NCD 文档中明确说明基于安全因素，需要停机后再次开机启动驾驶性能限制系统的，应按照企业要求停机后重启发动机（在不影响其他功能的前提下，验证中可从储罐内抽取反应剂来模拟发动机的持续运转过程，该信息须在 NCD 文档中报备）。

2）其他 NCD 故障

当初级驾驶性能限制系统验证判定合格后，应持续运转带故障的柴油机，直至持续运行小时数达到标准规定的小时数（反应剂质量差、反应剂定量喷射中断等故障时间为 20 h，EGR 阀卡滞、监测系统等故障时间为 100 h）或企业规定的更短运行小时数，严重驾驶性能限制系统应激活。

若严重驾驶性能限制系统在达到标准规定的小时数（20 h/100 h）或企业规定的更短运行小时数时已经激活严重驾驶性能限制机制，同时柴油机最大扭矩转速至额定转速之间的扭矩降低至最大扭矩的 50% 或更低，非恒速柴油机转速降低至额定转速的 60% 或更低，且当故障恢复或故障被诊断工具擦除，计数器停机计数并冻结至标准规定值或企业备案的更高值，则认为严重驾驶性能限制系统激活验证已完成，且判定该项验证合格，否则不合格。

对于企业备案的 NCD 文档中明确说明基于安全因素，需要停机后再次开机启动驾驶性能限制系统的，应按照企业要求停机后重启发动机。

试验中可采用适当的方法加快试验进程。如果企业设定的激活驾驶性能限值系统需要的时间不超过 2 h，需按企业的设定数值进行；如果企业设定数值超过 2 h，可以通过适当的方法缩短激活所需的实际时间，但最短间隔时间为 2 h。不能通过修改计数器限值的方法加速试验进程。

（4）NCD 计数器验证

应在除反应剂不足外的企业备案的其他 NCD 故障项中随机选择一项开展此验证。建议在完成故障的严重驾驶性能限制系统激活验证后继续本项验证，并将该项验证作为严重驾驶性能验证的延续。

验证过程分两步：

1）修复故障或故障被诊断工具擦除而使计数器冻结后，持续无故障运行柴油机小于 40 h，再次发生故障，并按故障激活条件运转足够数量的 NCD 试验循环，确认并激活故障码，然后带故障持续运行柴油机，检查该计数器是否从冻结值开始计数。

2）修复故障或故障被诊断工具擦除而使计数器冻结后，持续无故障运行柴油机大于等于 40 h，检查计数器是否归零。

完成上述步骤 1）和步骤 2）则认为 NCD 计数器验证已完成。

① 计数器按照本章第 4.2.4.2 条的第（2）项初级驾驶性能限制系统在达到标准规定的小时数（10 h/36 h）或企业规定的更短运行小时数时已经激活限扭策略；

② 计数器按照本章第 4.2.4.2 条的第（3）项严重驾驶性能限制系统在达到标准规定的小时数（20 h/100 h）或企业规定的更短运行小时数时已经激活严重驾驶性能限制机制，且当故障恢复或故障被诊断工具擦除，计数器停止计数并冻结至标准规定值（18 h/95 h）；

③ 计数器的计数机制按照本章第 4.2.4.2 条的第（4）项中实现从冻结值开始计数和归零。

若计数器的计数机制同时满足本条款中的①～③则判定 NCD 计数器验证合格，否则不合格。

（5）反应剂罐和定量给料系统反应剂防冻演示试验

1）带加热系统的验证

将满荷状态的反应剂罐和定量给料系统在 −18℃下静置 72 h，柴油机及后处理系统在 −7℃下静置 12 h。柴油机在温度≤−7℃环境条件下怠速运行 10～20 min（建议按最长时间 20 min 进行），之后在温度≤−7℃环境条件下以不高于 40% 负荷（负荷：指发动机某一转速下实际输出扭矩与当前转速最大扭矩的百分比）运行时间 50 min，验证反应剂定量给料系统是否正常工作。

在 70 min 发动机运行结束前若正常工作则判定合格，否则不合格（企业需在 NCD 文档备案的时明确本验证过程发动机是否需要加载运行，以便选择合适的试验方法）。

2）非加热系统的验证

在温度≤−7℃环境条件下，若无反应剂供给，则驾驶员报警系统应激活；在温度≤−7℃环境条件下，运转发动机 70 min 若无反应剂供给，严重驾驶性能限值系统应激活。

若在温度≤−7℃环境条件下，运行发动机时反应剂供给正常，可直接判定合格。

若在温度≤−7℃环境条件下，运行发动机时无反应剂供给，该情况下驾驶员报警系统激活，且在发动机运转 70 min 内严重驾驶性能限值系统激活也可判定合格；其他情况直接判定不合格。

如果系统具备加热 / 不加热两种工作模式，两种模式都需验证；检测机构需就此提醒企业。

（6）CD_{min} 验证

验证前，需按企业的预判配备足够量的 CD_{min} 浓度的反应剂，配备完成后，需将其充装至反应剂罐中，待反应剂在反应剂罐中摇匀并静止一段时间后，须对反应剂浓度进行仪器检测，确定反应剂浓度为 CD_{min} 值。验证前可按企业要求进行不少于 3 个，最多 9 个 NCD 试验循环的预处理，之后运转冷热态 NRTC 试验循环（恒速机运行 NRSC）进行排放测试，若尾气 NO_x 排放量不超过 GB 20891—2014 表 2

规定的该功率段 NO_x（额定净功率小于 56 kW 的柴油机为 $HC+NO_x$）限值的 2.25 倍，则判定合格，否则不合格。

4.2.4.3 PCD 验证试验流程

（1）报警系统激活验证

故障的引入或模拟应遵循标准要求或企业备案的 PCD 文档要求，一旦确认该 PCD 故障被正确引入或模拟，应检查试验条件是否符合标准要求，特别是柴油机水温。试验条件符合标准要求后，启动柴油机开始 2 个连续 PCD 试验循环（对于颗粒物后处理系统功能缺失的故障 PCD 试验循环数应是 8 个，其余故障 PCD 试验循环数均为 2 个）运转，每个单独的 PCD 试验循环可通过柴油机停机进行区分，该停机过程需考虑停机后可能发生的任何监测行为以及在下次启动时监测发生的任何必要条件。对在某企业备案的 PCD 文档中明确说明的故障，其故障监测需要超过上述要求的 PCD 试验循环才能完成监测的，或者该故障监测不需要连续的 PCD 试验循环以停机区分的情况，应遵循企业备案的 PCD 文档要求进行操作，但最多可增加 50% 的 PCD 试验循环数。对于使用液态反应剂的颗粒物后处理系统，在开展颗粒物后处理系统移除的故障验证时，一旦对应的 DTC 已确认和激活，应同时验证反应剂喷射是否立即中断。若在 2 个（8 个）连续或企业备案要求的 PCD 试验循环数内，驾驶员报警系统被激活，且所选故障的 DTC 处于“确认且激活的”状态，应继续带故障运行柴油机至少 20 h，以验证 PCD 是否在非易失性存储器中存储 PCD 事件发生的总次数和总累计运行时间，以及该记录是否可通过诊断工具擦除。

若在 2 个（8 个）连续或企业备案要求的 PCD 试验循环数内，驾驶员报警系统被激活，且所选故障的 DTC 处于“确认且激活的”状态，且故障信息与企业备案信息一致，同时带故障运行柴油机至少 20 h 后，PCD 在非易失性存储器中存储了 PCD 事件发生的总次数和总累计运行时间，且该记录不可通过诊断工具擦除则判定该项验证合格，否则不合格。在开展颗粒物后处理系统移除的故障时除须满足上述要求外，对于使用液态反应剂的颗粒物后处理系统，若该故障对应的 DTC 处于“确认且激活的”状态时反应剂喷射立即中断，则判定该项验证合格，否则不合格。

（2）初级驾驶性能限制系统激活验证

当报警系统激活验证判定合格后，应持续运转带故障的柴油机直至持续运行小时数达到标准规定的小时数（36 h）或企业规定的更短运行小时数，初级驾驶性能限制系统应激活。若初级驾驶性能限制系统在达到标准规定的小时数（36 h）或企业规定的更短运行小时数时已经激活限扭策略，同时最大扭矩转速至额定转速之间的扭矩降低比例至少达到 25%，最大扭矩转速以下转速段的扭矩未超过扭矩限制后的最大扭矩，则认为初级驾驶性能限制系统激活验证已完成，且判定该项验证合格，否则不合格。对于企业备案的 PCD 文档中明确说明基于安全因素，需要停机后再次开机启动驾驶性能限制系统的，应按照企业要求停机后重启发动机。

（3）严重驾驶性能限制系统激活验证

当初级驾驶性能限制系统验证判定合格后，应持续运转带故障的柴油机直至持续运行小时数达到标准规定的小时数（100 h）或企业规定的更短运行小时数，严重驾驶性能限制系统应激活。若严重驾驶性能限制系统在达到标准规定的小时数（100 h）或企业规定的更短运行小时数时已经激活严重驾驶性能限制机制，同时柴油机最大扭矩转速至额定转速之间的扭矩降低至最大扭矩的 50% 或更低，非恒速柴油机转速降低至额定转速的 60% 或更低，且当故障恢复或故障被诊断工具擦除，计数器停止计数并冻结至规定值或企业备案的更高值，则认为严重驾驶性能限制系统激活验证已完成，且判定该项验证合格，否则不合格。对于企业备案的 PCD 文档中明确说明基于安全因素，需要停机后再次开机启动驾驶性能限制系统的，应按照企业要求停机后重启发动机。

（4）PCD 计数器验证

应在上述反 PCD 故障项中随机选择一项开展此验证。建议在完成故障的严重驾驶性能限制系统激活验证后继续本项验证，并将该项验证作为严重驾驶性能验证的延续。

验证过程分两步：

1）修复故障或故障被诊断工具擦除而使计数器冻结后，持续无故障运行柴油机小于 40 h，再次发生故障，并按故障激活条件运转足够数量的 PCD 试验循环，确认并激活故障码，然后带故障持续运行柴油机，检查该计数器是否从冻结值开始计数。

2）修复故障或故障被诊断工具擦除而使计数器冻结后，持续无故障运行柴油机大于等于 40 h，检查计数器是否归零。

完成上述步骤 1）和步骤 2），则认为 PCD 计数器验证已完成。

① 计数器按照本章第 4.2.4.3 条第（2）项初级驾驶性能限制系统在达到标准规

定的小时数（36 h）或企业规定的更短运行小时数时已经激活限扭策略；

② 计数器按照本章第 4.2.4.3 条第（3）项严重驾驶性能限制系统在达到标准规定的小时数（100 h）或企业规定的更短运行小时数时已经激活严重驾驶性能限制机制，且当故障恢复或故障被诊断工具擦除，计数器停止计数并冻结至标准规定值（95 h）；

③ 计数器的计数机制按照本章第 4.2.4.3 条第（4）项实现从冻结值开始计数和归零。

若计数器的计数机制同时满足本条款中的①～③，则判定 PCD 计数器验证合格，否则不合格。

第 5 章　型式检验扩展条件

5.1　一般要求

发动机型式检验扩展指新发动机机型与已完成信息公开或入库的机型具备相同的排放阶段、排放控制原理及排放控制部件。此部分性能可不再进行相关的型式检验试验，引用已经通过型式检验的机型的试验结果或结论代替。非道路移动机械柴油机型式检验扩展应按照非道路移动机械柴油机相关标准和本章的要求进行。

系族的源机通过型式检验并出具的检验报告为基准报告，此机型报告为系族该检验项目的源机报告；系族的子机报告，通过引用源机报告的检验数据出具的报告为扩展报告。源机进行信息公开或入库应具备基准报告。子机应具备扩展报告。

用于型式检验扩展的源机应已完成信息公开或入库。同期开展信息公开的两个或多个机型型式检验项目如存在相互扩展情况，可允许同期进行信息公开。

信息公开型式检验扩展应满足信息公开主体相同，制造商相同。

信息公开型式检验扩展应满足排放标准阶段相同，燃料类型相同。

5.2　发动机排气污染物试验扩展

5.2.1　柴油机下列参数相同

a. 制造商；

b. 燃烧循环（二冲程、四冲程等）；

c. 冷却介质（空气 / 水 / 油）；

d. 单缸排量（系族内柴油机间相差不超过 15%）；

e. 气缸数（对于带后处理装置的柴油机）；

f. 进气方式（自然吸气 / 增压 / 增压中冷等）；

g. 燃烧室型式（预燃式 / 涡流式 / 开式）；

h. 单缸气阀数；

i. 气阀和气口结构和尺寸；

j. 缸体构造（干式 / 湿式 / 无缸套）；

k. 气缸盖构造；

l. 气缸排列型式；

m. 燃料喷射系统型式（高压共轨 / 电控单体泵 / 电控分配泵 / 电控泵喷嘴 / 机械单体泵 / 机械分配泵 / 机械直列泵等）；

n. EGR（有 / 无）；

o. 特殊装置（喷水装置、乳化装置、空气喷射装置、进气节流阀、排气节流阀等有 / 无）；

p. 排气后处理系统型式（类别、数目、组合方式）（后处理封装变化，例如，由于布置原因导致后处理拆分多个独立封装的情况，若总体积不变且控制策略、喷射策略、监控策略、喷射系统及传感器数目不变，则可划为同一系族，仅增加排放测试）；

q. 电子控制策略（正时、喷油压力、增压、VGT、EGR 等策略）；

r. 后处理再生方式；

s. SCR 系统载体材料是否为钒基。

5.2.2 源机选择

5.2.2.1　源机选择见 GB 20891—2014 第 9 条。

5.2.2.2　下列排放关键零部件型号及生产厂发生变化时，包括喷油泵、喷油器、共轨管、增压器、EGR、ECU、排气后处理系统、DCU、颗粒捕集器控制单元、氮氧传感器、尿素喷射泵等，需在源机或代表性机型上进行试验（原排试验除外；除颗粒捕集器发生变化时需进行再生验证试验，其余配置变化均不需进行再生验证），进气阻力最大值、排气背压最大值、中冷器出口处最高温度增加时，需在源机或代表性机型上进行试验。

5.2.2.3　恒速和非恒速发动机可以划入同一排放系族。排放源机应选择系族中的非恒速发动机，系族中符合扩展条件的恒速发动机可进行扩展，不再进行排放验证。

5.2.2.4　对于 560 kW 及以下跨功率段的排放系族，该系族内柴油机的排气污染物结果都必须满足相应的高功率段更加严格的排放要求，低功率段子机可以进行扩展。

5.2.2.5 后处理系统的下列参数变化时，需在源机或代表性机型上进行试验：

（1）催化转化器

a. 催化转化器及其催化单元的数目；

b. 作用型式；

c. 贵金属总含量，g/L；

d. 贵金属比例；

e. 载体的尺寸、体积；

f. 载体的结构和材料；

g. 载体生产企业；

h. 涂层生产企业；

i. 涂层材料；

j. 孔密度；

k. 安装的位置（在排气管中的位置和基准距离的最大值）；

l. 正常工作温度（K）范围；

m. 反应剂类型及浓度；

n. 反应剂喷射系统、喷射泵等；

o. 热管理措施（有 / 无）；

p. 其他。

（2）颗粒物捕集器

a. 颗粒捕集器数量及单元数目；

b. 载体的尺寸、体积；

c. 载体的结构和材料；

d. 载体生产企业；

e. 涂层生产企业；

f. 涂层材料；

g. 孔密度；

h. 贵金属总含量，g/L；

i. 贵金属比例；

j. 安装的位置（在排气管中的位置和基准距离的最大值）；

k. 正常工作温度（K）范围；

l. 再生方式；

m. 排气中燃油喷射系统型式（燃烧器、碳氢喷射系统、缸内后喷等）；

n. 其他。

5.3 发动机耐久性试验扩展

5.3.1 柴油机下列参数相同

a. 制造商；

b. 燃烧循环（二冲程、四冲程等）；

c. 冷却介质（空气 / 水 / 油）；

d. 单缸排量（系族内柴油机间相差不超过 30%）；

e. 气缸数（对于带后处理装置的柴油机）；

f. 进气方式（自然吸气 / 增压 / 增压中冷等）；

g. 燃烧室型式（预燃式 / 涡流式 / 开式）；

h. 单缸气阀数；

i. 气阀和气口结构和尺寸；

j. 缸体构造（干式 / 湿式 / 无缸套）；

k. 气缸盖构造；

l. 气缸排列型式；

m. 燃料喷射系统型式（高压共轨 / 电控单体泵 / 电控分配泵 / 电控泵喷嘴 / 机械单体泵 / 机械分配泵 / 机械直列泵等）；

n. EGR（有 / 无）；

o. 特殊装置（喷水装置、乳化装置、空气喷射装置、进气节流阀、排气节流阀等有 / 无）；

p. 排气后处理系统型式（类别、数目、组合方式）（后处理封装变化，例如，由于布置原因导致后处理拆分多个独立封装的情况，若总体积不变且控制策略、喷射策略、监控策略、喷射系统及传感器数目不变，则可扩展）；

q. 电子控制策略（正时、喷油压力、增压、VGT、EGR 等策略）。

5.3.2 后处理下列参数相同

（1）催化转化器

a. 型号及生产企业；

b. 催化转化器及其催化单元的数目；

c. 作用型式；

d. 贵金属总含量，g/L（与源机相比相同或更多）；

e. 贵金属比例（与源机相比在 ±15% 以内）；

f. 载体的尺寸、体积；

g. 载体的结构和材料；

h. 载体生产企业；

i. 涂层生产企业；

j. 涂层材料；

k. 孔密度；

l. 安装的位置（在排气管中的位置和基准距离的最大值）；

m. 正常工作温度（K）范围；

n. 反应剂类型及浓度；

o. 反应剂喷射系统、喷射泵等；

p. 其他。

（2）颗粒物捕集器

a. 型号及生产企业；

b. 颗粒捕集器数量及单元数日；

c. 载体的尺寸、体积；

d. 载体的结构和材料；

e. 载体生产企业；

f. 涂层生产企业；

g. 涂层材料；

h. 孔密度；

i. 贵金属总含量，g/L（与源机相比相同或更多）；

j. 贵金属比例（与源机相比在 ±15% 以内）；

k. 安装的位置（在排气管中的位置和基准距离的最大值）；

l. 正常工作温度（K）范围；

m. 再生方式；

n. 排气中燃油喷射系统型式（燃烧器、碳氢喷射系统、缸内后喷等）；

o. 其他。

5.4 发动机 NCD、PCD 试验扩展

5.4.1 发动机下列参数必须相同

（1）制造商；

（2）燃料供给系统型式；

（3）发动机电子控制单元生产企业。

5.4.2 排放控制系统下列参数应相同

（1）排气后处理系统型式（类别、数目、组合方式）（后处理封装变化，例如，由于车辆布置原因导致后处理拆分，数目发生变化且独立封装的情况，若控制策略、喷射策略、监控策略、喷射系统不变，则可扩展）；

（2）EGR（有 / 无）；

（3）特殊装置（二次空气喷射等有 / 无）（按照标准 HJ 1014—2020 附录 C.2.4.6.1 条，企业提供相关说明材料证明若有该装置机型，其对于该装置相关诊断不影响其他任何诊断，则可覆盖无该装置机型；应将有该装置机型作为 NCD 和 PCD 源机）；

（4）其他。

5.4.3 NCD 和 PCD 供应商相同。

5.4.4 NCD 和 PCD 的监测方法相同—系统及部件的监测策略和监测技术应相同。

5.4.5 功能监测及诊断的原理—部件及系统的工作范围的监测原理应相同（如 EGR、增压器、PM 传感器等部件及装置的工作范围的监测原理）。

5.4.6 部件监测及诊断的原理—用于控制或监测排放控制系统的电气 / 电子部件的电路故障、功能性故障及合理性故障的监测原理应相同（如柴油机上的各种传感器、排气中的燃油或反应剂喷射器、电热塞、进气加热器等）。

5.4.7 监测参数—部件或系统监测参数类型应相同（如频率、开关、电流、电压、电阻、PWM 等信号）。

第 6 章　钒基 SCR 机械要求

6.1　一般要求

HJ 1014—2020 第 5.1.4 条规定：装有钒基 SCR 催化剂的机械，在全寿命期内，不得向大气中泄漏含钒化合物；并在型式检验时提交相关的资料（如温度控制策略及相关测试报告等），证明在机械使用期间的任何工况下，SCR 的入口温度低于 550℃。

（1）采用钒基 SCR 催化剂的发动机系族，再生方式应满足表 6-1 中要求。

表 6-1　钒基 SCR 再生方式分类

<table>
<tr><th colspan="4">再生方式</th><th>是否允许钒基 SCR</th></tr>
<tr><td colspan="3" rowspan="2">周期再生</td><td>低温再生</td><td>允许</td></tr>
<tr><td>基于氧的再生（温度≥550℃）</td><td>不允许</td></tr>
<tr><td rowspan="5">连续再生</td><td colspan="2" rowspan="2">再生周期大于 100 h</td><td>低温再生</td><td>允许</td></tr>
<tr><td>基于氧的再生（温度≥550℃）</td><td>不允许</td></tr>
<tr><td rowspan="3">纯连续再生</td><td rowspan="2">有安全模式</td><td>低温再生</td><td>允许</td></tr>
<tr><td>基于氧的再生（温度≥550℃）</td><td>不允许</td></tr>
<tr><td colspan="2">无安全模式</td><td>允许</td></tr>
</table>

注：安全模式为服务站再生和驻车再生，允许用钒基，需提供具体的实现方式和策略说明，安全模式要求 SCR 温度＜550℃。

（2）对每个采用钒基 SCR 催化剂的发动机系族，应向生态环境部提供钒基 SCR 温度控制策略材料，包括 DPF 再生策略、热管理温度控制策略和 SCR 温度保护策略等内容。

（3）对每个采用钒基 SCR 催化剂的发动机系族，应选择排温最高的机型，应进行正常工况排温测试、DPF 再生测试、温度保护策略验证，以及非正常工况下的排温测试（不同发动机系族需选取 6.3.5.4～6.3.5.7 条不同的非正常工况下进行），并将测试报告备案。

（4）对每个采用钒基 SCR 催化剂的发动机系族的 SCR+ASC 组合，应按照

《柴油车排气后处理装置技术要求　第2部分：选择性催化还原转化器（SCR）》（T/CAEPI 12.2—2017）规定的钒挥发测试方法，进行钒挥发测试，要求在550℃温度下，钒挥发应低于检出限，并将钒挥发测试报告提交备案。

6.2　钒基SCR催化剂发动机温度控制策略文档

发动机企业的钒基SCR催化剂温度排放控制策略文档，应满足HJ 1014—2020规定的要求。文档提供的资料和数据需证明在机械使用期间的任何工况下，SCR的入口温度低于550℃。在全寿命期内，不得向大气中泄漏含钒化合物。

6.2.1　发动机设计方案

6.2.1.1　发动机结构

发动机结构如图6-1所示。

为满足排放标准限值要求，××发动机及其系族使用支持多次喷射的可变压力高压共轨燃油系统，高缸内爆发压力设计，开式/闭式曲轴箱系统，电控发动机及后处理控制系统，后处理控制系统包括DOC、DPF、HC喷射器以及带ASC的SCR（图6-1）。

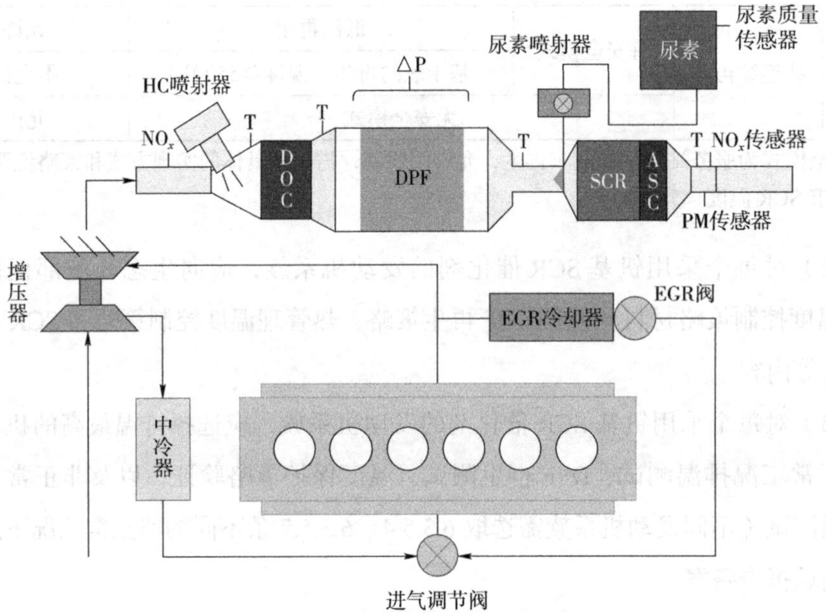

图6-1　发动机结构

与 SCR 催化剂温度排放控制策略相关的发动机物理传感器和虚拟传感器见表 6-2。

表 6-2 发动机传感器

发动机传感器	作用
物理传感器 1	××
物理传感器 2	××
……	……
虚拟传感器 1	××
虚拟传感器 2	××
……	……

与 SCR 催化剂温度排放控制策略相关的后处理的物理传感器和虚拟传感器见表 6-3。

表 6-3 后处理传感器

后处理传感器	作用
物理传感器 1	××
物理传感器 2	××
……	……
虚拟传感器 1	××
虚拟传感器 2	××
……	……

6.2.1.2 SCR 系统的描述

描述 SCR 系统的构成、布置形式、载体单元数量等。

6.2.2 SCR 催化剂温度控制策略

6.2.2.1 万有特性下 SCR 温度的监控策略

（1）正常条件下万有特性 SCR 温度的监控。

（2）极端条件下万有特性 SCR 温度的监控。应说明在高温、高海拔等条件下，是否有专门的 SCR 温度控制策略，如有，应提供具体的策略控制逻辑图，详细说明触发条件、原理，以及策略产生的效果等。同时提供策略验证的试验数据，并进行策略演示。

6.2.2.2 再生方式下 SCR 温度的监控策略

（1）再生方式的工作原理。

（2）再生发生时的条件（颗粒物载荷、温度、排气背压等）。

（3）连续再生。如采用连续再生，应说明是否有安全模式。如有安全模式，详细说明安全模式的工作原理，并给出安全模式时的温度控制策略，提供具体的策略控制逻辑图，详细说明策略触发条件、工作原理以及策略产生的效果等。同时提供策略验证的试验数据，并进行策略演示。

（4）周期再生。如采用周期性再生，给出周期性再生的温度控制策略，提供具体的策略控制逻辑图，详细说明策略触发条件、工作原理以及策略产生的效果等。同时提供策略验证的试验数据，并进行策略演示。

（5）再生异常时的温度控制策略。如再生刚开始时被打断，给出此种情况下温度控制策略［如 DTI（Drop to Idle）］，提供具体的策略控制逻辑图，详细说明策略触发条件、工作原理以及策略产生的效果等。同时提供策略验证的试验数据，并进行策略演示。

6.2.2.3 非正常模式下 SCR 温度控制策略

应说明在可能影响排气温度的故障模式下，如何控制排气温度的策略，如增压器劣化、进排气漏气故障和 SCR 入口温度合理性等，提供具体的策略控制逻辑图，详细说明策略触发条件、工作原理以及策略产生的效果等。同时提供策略验证的试验数据，并进行策略演示。

6.3 钒基 SCR 排放测试方案

6.3.1 测试准备

钒基 SCR 发动机的温度测试，均应采用在 SCR 入口前端面中心位置及后端面出口位置加装热电偶进行。热电偶安装如图 6-2 所示（如果 SCR 是并列几条支路，则需在每条支路的前端和后端都按照图 6-2 的方式安装热电偶），热电偶距离端面 5～20 mm 即可。

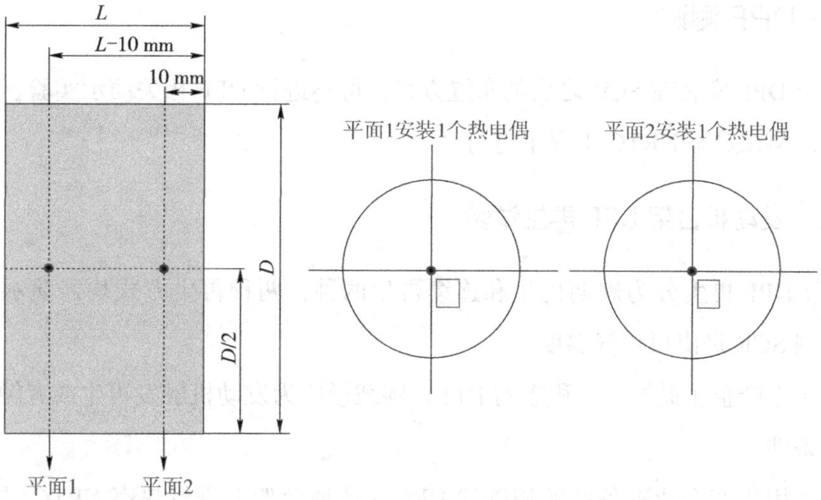

图 6-2 SCR 热电偶布置

6.3.2 排温外特性试验

6.3.2.1 边界条件

（1）温度

常温测试：按照企业申报条件，调整边界条件，进行正常状态下（进气温度 20～30℃）的外特性测试，检测记录 SCR 进出口排气温度。

高温测试：台架实验室关闭风机，空调调整室内温度为 40℃以上，进气温度调整为 40℃或更高，进行外特性试验，检测记录 SCR 进出口排气温度。

（2）海拔

在平原实验室开展外特性排温测试，采用高原温度修正系数 λ=1.03，确定高原排温外特性。如果生产企业有 SCR 温度保护策略，则无须用高原温度修正系数，如果生产企业没有 SCR 温度保护策略，则用高原温度修正系数，高原排温 = 平原测得的外特性排温 $\times\lambda$。

6.3.2.2 试验程序

采用 n/P 控制模式，将柴油机在额定工况稳定运转，待各项性能参数符合技术条件的要求后，油门保持不变，逐渐改变柴油机转速，记录最高空载稳定转速至怠速每隔 100 r/min（小于 1 500 r/min 的机型每隔 50 r/min）时的柴油机各工况点的性能参数，记录 SCR 进出口温度，测量与记录各项参数需在柴油机稳定运转 5 min 后进行。

6.3.3 DPF 测试

对于 DPF 安装在 SCR 之后的布置方案，可不进行 DPF 相关演示实验。DPF 再生测试，均在热态 NRTC 工况下进行。

6.3.3.1 发动机台架 DPF 再生试验

（1）DPF 再生分为周期再生和连续再生两种，两种再生方式均需演示再生过程，监测 SCR 进出口排气温度。

（2）生产企业提供一个积碳的 DPF，碳载量应为发动机触发再生或者触发安全模式的条件。

（3）用生产企业准备好的积碳的 DPF 在认证台架上进行热态 NRTC 试验，直至触发 DPF 再生或者触发安全模式，记录整个过程的 SCR 进出口排气温度。

6.3.3.2 发动机台架 DTI 试验

（1）进行台架 DTI 试验，需进行 1 次演示，监测 SCR 进出口排温。

（2）生产企业提供一个积碳的 DPF，碳载量应为触发再生时的碳载量。

（3）安装积碳的 DPF，启动发动机，使其在怠速运行一段时间，然后把转速及扭矩在 60 s 内运行至最大扭矩点（运行至最大扭矩点的过程中触发再生），在最大扭矩点工况触发再生，再生时记录 DPF 两端的压差变化，当 DPF 内碳粒（soot）开始燃烧时，DPF 两端压差减小，当检测到 DPF 两端的压差由大变小时（发动机至少运转 3 min），在 30 s 内将发动机运行回怠速，在怠速稳定 10 min 后停机。

（4）整个过程全程记录 SCR 进出口排温。

6.3.3.3 HC 积聚时 SCR 的温度控制

（1）生产企业自己准备积碳的 DPF，将 DPF 积碳至 M（碳载量，g/L，M= 生产企业提供的触发再生时的最大碳载量 −0.5 g/L）。

（2）发动机带后处理总成怠速运行 8 h，且不能发生再生（允许增加防止再生开关），然后停机。

（3）手动触发 DPF 再生试验，运转热态 NRTC 试验测试 SCR 进出口温度。

6.3.4 SCR 温度保护策略验证

如果生产企业在 SCR 温度控制策略文件中声明应用 SCR 温度保护策略，则应进行温度保护策略验证。

（1）根据高温 40℃外特性排温试验结果选择 SCR 上游温度最高的工况点试验。

（2）在该工况点正常操作条件下稳定和测量，应使用 9 min 的稳定时间，在此期间连续记录数据。

6.3.4.1　演示程序

继续执行以下步骤进行温度演示：

（1）使用试验台节流阀增加进口压力从正常到最大值（均由发动机企业声明）。

（2）通过使用排气系统下游的试验台节流阀增加排气背压，从额定值到最大值（均由发动机企业声明）。

（3）通过良好的工程判断降低增压空气冷却效率，将发动机进气温度从标称值提高到最大值（均由发动机企业声明）。

6.3.4.2　评估

当满足以下两个条件时，生产企业的 SCR 温度保护策略被视为已证明。

（1）尽管采用了 6.3.4.3 步骤（1）～步骤（3），但仍达到稳定的排气温度；

（2）SCR 上游的测量排气温度＜550℃。

6.3.5　柴油机异常工况下的排气温度测试

进行 SCR 温度保护策略演示后，进行表 6-4 中步骤 1～步骤 3（增压器劣化）规定故障下的排温测试，并由检测机构在步骤 4～步骤 7 中的任选一条进行排温测试。

表 6-4　异常工况下钒基排温验证试验

序号	项目	测试内容	测量温度
步骤 1	漏气故障： 额定点中冷后漏气＞10%， 额定点排气漏气＞10%	外特性试验	钒基 SCR 入口温度
步骤 2	中冷器故障： 关闭冷却水	外特性试验	钒基 SCR 入口温度
步骤 3	增压器劣化：效率下降＞5%； 失效：放气阀卡滞	外特性试验	钒基 SCR 入口温度

续表

序号	项目	测试内容	测量温度
步骤 4	喷油器磨损件， 喷油增加 10%～15%	外特性试验	钒基 SCR 入口温度
步骤 5	EGR 卡滞：全开； 冷却效率下降	外特性试验	钒基 SCR 入口温度
步骤 6	DOC 效率劣化件： DPF 再生试验	外特性试验	钒基 SCR 入口温度
步骤 7	节流阀卡滞 15%～20%	外特性试验	钒基 SCR 入口温度

另需要验证 SCR 入口温度合理性故障，模拟 SCR 入口温度异常（SCR 入口温度传感器置空和 SCR 入口温度传感器模拟排温＞550℃），记录正常温度下发动机外特性。

6.4 钒挥发测试报告

6.4.1 任务来源及目的

受 ×××（受检单位）的委托，对其提供的 ××× 型号的钒基 SCR 进行钒挥发速率测试。

6.4.2 检验依据

依据 T/CAEPI 12.2—2017。

6.4.3 基本情况

表 6-5 钒基 SCR 基本信息

<table>
<tr><td colspan="2">产品名称</td><td colspan="2">钒基 SCR</td><td colspan="2">商标</td><td colspan="2"></td></tr>
<tr><td colspan="2">型号</td><td colspan="2"></td><td colspan="2">生产厂家</td><td colspan="2"></td></tr>
<tr><td>载体</td><td colspan="2">尺寸规格
（mm × mm × mm）</td><td></td><td>催化剂</td><td colspan="2">涂覆工艺</td><td></td></tr>
<tr><td>载体</td><td colspan="2">材质</td><td></td><td>催化剂</td><td colspan="2">V_2O_5 与 TiO_2
涂覆质量比</td><td></td></tr>
<tr><td>备注</td><td colspan="7"></td></tr>
</table>

表 6-6　ASC 基本信息

<table>
<tr><td colspan="2">产品名称</td><td colspan="2">ASC</td><td colspan="2">商标</td><td colspan="2"></td></tr>
<tr><td colspan="2">型号</td><td colspan="2"></td><td colspan="2">生产厂家</td><td colspan="2"></td></tr>
<tr><td rowspan="2">载体</td><td colspan="2">尺寸规格
（mm × mm × mm）</td><td></td><td rowspan="2">催化剂</td><td colspan="2">涂覆工艺</td><td></td></tr>
<tr><td colspan="2">材质</td><td></td><td colspan="2">贵金属含量及比例</td><td></td></tr>
<tr><td>备注</td><td colspan="7"></td></tr>
</table>

6.4.4　检验时间及地点

（1）检验时间；

（2）检验地点。

6.4.5　检验结果

表 6-7　检验结果

样品编号	测试温度 /℃	载体体积 /L	钒挥发速率 / [μg/（L · h）]
	550		

6.4.6　试验后热阱吸附剂照片

第 7 章　生产一致性

为确保批量生产的机械和发动机的排放控制水平，信息公开主体企业应具备生产一致性保证体系，包括质量管理体系和生产一致性保证计划。信息公开主体企业应制订自查计划，并提交自查报告。

7.1　质量保证体系

企业应建立质量保证体系，有效控制机械和发动机批量生产过程的计划与规程，确保批量生产的机械和发动机在整个寿命期内的排放水平均能得到有效控制。

企业应在机械和发动机生产（进口）前按照 HJ 1014—2020 附录 F.2 的要求编制质量保证体系相关材料，并提交生态环境主管部门，内容包括但不限于：

- 质量保证体系认证证书；
- 有效控制生产过程的计划和规程；
- 发动机及其后处理总成的安装指导文件。

质量保证体系认证证书的有效性和范围方面的任何修订，都应向生态环境主管部门报告，并提交修订的说明。

7.2　生产一致性保证计划书

企业应在机械和发动机生产（进口）前按照 HJ 1014—2020 附录 F.3 的要求编制生产一致性保证计划书，并按照要求提交生态环境主管部门备案。

生产一致性保证计划书的内容应至少包括：

- 能有效控制产品与型式检验机型一致的规程；
- 为检验已完成型式检验机型的一致性，需使用的必要的设备清单。

7.3　生产一致性测试计划

机械和发动机生产（进口）后，企业应按照按 HJ 1014—2020 附录 F.3 规定编制生产一致性测试计划。生产一致性测试计划应通过机动车和非道路移动机械环保信息公开系统，在每年 3 月 1 日前提交该年度的测试计划。

生产一致性测试计划应覆盖企业在该年度的所有量产机型。企业应在测试计划中列出所有拟开展的自查试验，生产一致性自查试验可在企业内部试验室或生产线进行，也可以委托具有相关资质的第三方检验机构进行。生产一致性测试应优先选择系族中的具有代表性的机型，发动机排放、耐久以及 NCD/PCD 系族应与型式检验的系族相对应。发动机测试项目应包括 NRTC、NRSC、非标准循环和 NCD/PCD 验证，机械测试项目应包括 PEMS 测试和烟度测试。企业应制订生产一致性自查计划应确保批量生产的机械和发动机符合标准要求，建议各系族生产一致性测试比例不低于本节要求。

7.3.1　发动机排放系族

7.3.1.1　测试系族选择

排放系族自查旨在企业每年自行验证批量生产的发动机机型及排放系族的环保生产一致性。本小节介绍的排放系族选择与数量为推荐性要求，鼓励企业按照本小节进行自查。企业也可根据发动机年产量和排放系族数量自行制定方案，采用等效或更加严格的方案开展自查。

发动机排放系族年产量应以前一年度系族总销量为基础，结合该年度生产计划进行预估。企业应按照表 7-1 划定的年产量区间预估每个区间内符合条件的系族数量，并将各区间系族数量乘以表 7-1 中对应的计算权重，每个区间所得乘积求和得出最终的计算结果。计算结果小于 1 的，以 1 作为最终自查系族数量。计算结果大于 1 的，向下取整的结果作为最终自查系族数量。若企业当年所有发动机排放系族的年产量总和小于 300 台，由企业自行评估生产一致性合规风险，根据自身情况确定自查方案，对于连续 3 年均进行生产的系族，建议选择具有代表性的机型进行自查。

表 7-1 生产一致性自查数量计算权重

发动机系族预估年产量 / 台	计算权重
年产量＞8 000	1
5 000＜年产量≤8 000	0.8
3 000＜年产量≤5 000	0.5
1 000＜年产量≤3 000	0.3
300＜年产量≤1 000	0.2
年产量≤300	0.1

例如，某企业 2022 年生产的发动机共包括 12 个排放系族，按照表 7-1 划定的区间统计每个区间内符合条件的系族数量，统计结果如表 7-2 所示。按照本小节所述，每个区间内符合条件的系族数与对应的计算权重相乘，并将各区间乘积求和得到最终计算结果为 4.8。按照向下取整的原则确定最终的自查系族数量为 4，即企业在该年度应对 4 个发动机排放系族进行自查。

表 7-2 生产一致性自查数量换算

发动机系族预估产销量 / 台	符合条件的系族数	计算权重	计算结果
产量＞8 000	2	1	2
5 000＜产量≤8 000	0	0.8	0
3 000＜产量≤5 000	1	0.5	0.5
1 000＜产量≤3 000	4	0.3	1.2
300＜产量≤1 000	4	0.2	0.8
产量≤300	3	0.1	0.3
总计			4.8

7.3.1.2 排放试验项目

发动机应按照 HJ 1014—2020 第 5.2 条规定进行试验。发动机必须进行 NRSC 试验，对于 19～560 kW 非恒定转速柴油机及 19 kW 以下非恒定转速多缸柴油机应进行 NRTC 试验，对于电控燃油系统柴油机应进行非标准循环试验。生产企业应制定生产过程控制允差，以便分析每种机型的排放检验结果，验证和保障发动机的排放稳定性。

7.3.1.3 测试计划填报

企业应按照表 7-3 中的示例格式编制排放系族测试计划，测试计划应覆盖企业在该年度所有生产的发动机机型和排放系族。企业可参考排放系族历年产量、当年生产计划等因素对该年度各排放系族和机型产量进行预估，允许预估年产量与该年度实际产量存在差异，系族和机型应根据企业预估的年产量由高至低依次排序。企业应在测试计划中指定计划测试的机型和数量，允许企业根据实际情况调整测试机型和数量，因内容调整无须重新修改、提交测试计划。

表 7-3 排放系族测试计划（示例）

系族	预估年产量 / 台	机型	预估年产量 / 台	批量生产日期	测试机型	测试数量 / 台
A	18 000	A1	12 000	2022 年 10 月	是	3
		A2	5 000	2022 年 11 月	是	3
		A3	1 000	2022 年 12 月	否	—
B	4 000	B1	2 000	2022 年 10 月	是	3
		B2	1 000	2022 年 12 月	否	—
		B3	1 000	2022 年 5 月	否	—
……	……	……	……	……	……	……

7.3.2 发动机 NCD、PCD 系族

企业每年生产发动机所涉及的 NCD/PCD/NCD+PCD 系族均应开展颗粒物和 NO_x 控制系统功能验证自查。建议每个 NCD/PCD/NCD+PCD 系族至少选择 1 个具有代表性的机型进行自查，应优先选择该系族中销量最高的机型。企业可自行定义测试机型的验证项目，建议至少包括所有必做故障项目和 1 个具有代表性的选做故障项目，验证内容包括驾驶员报警系统激活、初级限制系统激活、严重限制系统激活。

企业应按照表 7-4 中的示例格式编制 NCD、PCD 系族测试计划，测试计划应基于企业在该年度所有生产的 NCD/PCD/NCD+PCD 系族和发动机机型。企业可结合各系族历年产量、当年生产计划等因素对该年度的系族和机型产量进行预估，允许预估年产量与该年度实际产量存在差异，系族和机型应根据企业预估的年产量由高至低依次排序。企业应在测试计划中指定计划测试的机型和数量，允许企业根据实际情况调整，因内容调整无须重新修改提交测试计划。

表 7-4 NCD、PCD 系族测试计划（示例）

系族类别	系族名称	系族预估年产量 / 台	发动机型号	机型预估年产量 / 台	批量生产日期	测试机型型号	测试数量 / 台
NCD	A	50 000	A1	28 000	2022 年 10 月	A11	3 台
			A2	12 000	2022 年 11 月	—	—
			A3	10 000	2022 年 12 月	—	—
			……				
PCD	B	30 000	A1	14 000	2022 年 10 月	B11	3 台
			A2	10 000	2022 年 11 月	—	—
			A3	6 000	2022 年 12 月	—	—
			……				
……	……		……	……	……	……	……

7.3.3 机械系族

7.3.3.1 自查测试项目

装用额定净功率为 37 kW 及以上发动机的机械，应按照 HJ 1014—2020 附录 E 规定的车载法检测规程和要求（PEMS）进行自查，测试结果应符合 HJ 1014—2020 第 5.7.6 条要求。装用额定净功率为 37 kW 以下发动机的机械，应按照 GB 36886—2018 规定的自由加载法或自由加速法进行烟度测试，测试结果应符合该标准Ⅱ类限值要求。

7.3.3.2 测试系族选择

按照 HJ 1014—2020 第 10.1 条对机械系族的定义，机械系族的划分条件包括机械类型、机械所装用发动机的排放系族、机械生产企业。机械进口企业应基于以上 3 个条件制订机械系族自查测试计划，国内机械生产企业仅需考虑机械类型和发动机系族两个条件。机械系族的选择为推荐性要求，鼓励企业按照本小节要求进行自查，或采用更加严格的方案。

（1）机械类型

建议企业对各年度批量生产（进口）机械所涉及的每种机械类型均开展自查，机械类型的定义与划分原则可以参考《工程机械定义及类组划分》（GXB/TY 0001—2011）、《农业机械分类》（NY/T 1640—2021）等标准中的机械大类。企业可按照标准规定的定义，在每个机械大类中至少选择一个具有代表性的机械系族进行自查测试。

（2）机械所装用发动机的排放系族

机械生产、进口企业应合理规划并统计各年度批量生产（进口）机械所装用发动机的排放系族。企业应对机械装用发动机的所有排放系族，按照每个排放系族内发动机的机械装机数量由高至低排序。对于装用额定净功率 37 kW 及以上发动机的机械，应在机械装机数量最多的 3 个或前 20%（按照该比例计算结果小于 1 的向上取整）的发动机排放系族中，选择对应的机械系族进行自查；对于装用额定净功率 37 kW 及以下发动机的机械，应在机械装机数量最多的 5 个或前 30%（按照该比例计算结果小于 1 的向上取整）的发动机排放系族中，选择对应的机械系族进行自查。

例如，某企业当年生产的机械全部为 37 kW 以下机型，共计 8 500 台。如表 7-5 所示，机械装用的发动机共包括 A、B、C、D、E 5 个排放系族。将每个发动机系族按照机械装机数量由高至低排序，发动机系族的机械装机数量排名依次为 A、B、C、D、E（表 7-5）。根据本小节的推荐方案，企业应在机械装机数量最多的 3 个发动机排放系族中（A、B、C 系族）选择对应的机械系族机型自查。发动机 A 系族，应在 a1 至 a4 中选择机械系族进行自查；发动机 B 系族，应在 b1 至 b3 中选择机械系族进行自查，以此类推。

表 7-5 机械所装用发动机的排放系族（示例）

发动机系族	引用该发动机系族的机械数量 / 台	引用该发动机系族的机械系族	机械系族的机械数量 / 台
A	3 000	a1	2 000
		a2	500
		a3	400
		a4	100
B	2 600	b1	1 800
		b2	600
		b3	200
C	1 600	c1	1 000
		c2	600
D	1 500	d1	1 500
E	800	e1	800
总计	9 500	—	—

（3）机械生产企业

机械进口企业应对每年进口机械的所有制造商开展自查，每个机械制造商至少选择一个机械系族进行测试。

7.3.3.3　测试计划填报

企业应按照表 7-6 中的示例格式编制机械系族测试计划，测试计划应基于企业在该年度所有生产的机械系族和机械型号。企业可结合各系族历年产量、当年生产计划等因素对该年度的系族和机型产量进行预估，允许预估年产量与该年度实际产量存在差异，系族和机型应根据企业预估的年产量由高至低依次排序。企业应在测试计划中指定计划测试的机型和数量，允许企业根据实际情况进行调整，调整内容不需要重新修改提交测试计划。

表 7-6　机械系族测试计划（示例）

系族名称	系族预估年产量 / 台	机械型号	机型预估年产量 / 台	批量生产日期	测试机型型号	测试数量 / 台
A	50 000	A1	28 000	2022 年 10 月	是	3 台
		A2	12 000	2022 年 11 月	否	—
		A3	10 000	2022 年 12 月	否	—
		……				

7.4　测试报告

7.4.1　产销量月报

生产企业或进口企业应在机械和发动机量产后每月 10 日之前提交上月所有已信息公开机型的产销量情况，产销量月报如表 7-7 所示。

表 7-7　产销量月报

企业名称：____________________

填报月份：________年________月

系族	机型	产量 / 台	销量 / 台
A	A1		
	A2		

续表

系族	机型	产量 / 台	销量 / 台
A	……		
B	B1		
	B2		
	……		
……			

7.4.2 季度测试报告

信息公开主体企业应在每季度下月 10 日前提交上一季度测试报告，包括系族季度测试概况和测试结果报告（表 7-8～表 7-13）。

表 7-8 发动机排放系族季度测试概况

系族	系族总产量 / 台	测试机型型号	信息公开编号	测试机型产量 / 台	生产日期	测试数量 / 台	测试开始时间	测试结束时间
A		A1						
		A2						
		……						
B		B1						
		……						
……		……						

表 7-9 发动机 NCD、PCD 系族季度测试概况

系族类别	系族名称	系族总产量 / 台	测试机型型号	信息公开编号	测试机型产量 / 台	生产日期	测试数量 / 台	测试开始时间	测试结束时间
NCD	A		A1						
			A2						
			……						
PCD	B		B1						
			……						
NCD+PCD	C		C1						
			……						

表 7-10　发动机排放系族季度测试报告

系族名称	测试机型型号	信息公开编号	发动机编号	测试结果（应是按照劣化系数和再生因子修正后的数值）									结果判定	整改措施
A	A1			测试循环	CO/[g/(kW·h)]	HC/[g/(kW·h)]	NO_x/[g/(kW·h)]	HC+NO_x/[g/(kW·h)]	PM/[g/(kW·h)]	PN/[1×10^{12}/(kW·h)]	NH_3/ppm	CO_2/[g/(kW·h)]		
				NRTC										
				NRSC										
				非标准循环	工况点	测试点转速/(r/min)	测试点扭矩/(N·m)	CO/[g/(kW·h)]	HC/[g/(kW·h)]	NO_x/[g/(kW·h)]	HC+NO_x/[g/(kW·h)]	PM/[g/(kW·h)]		
					1									
					2									
					3									
	……													
B	B1			测试循环	CO/[g/(kW·h)]	HC/[g/(kW·h)]	NO_x/[g/(kW·h)]	HC+NO_x/[g/(kW·h)]	PM/[g/(kW·h)]	PN/[1×10^{12}/(kW·h)]	NH_3/ppm	CO_2/[g/(kW·h)]		
				NRTC										
				NRSC										
				非标准循环	工况点	测试点转速/(r/min)	测试点扭矩/(N·m)	CO/[g/(kW·h)]	HC/[g/(kW·h)]	NO_x/[g/(kW·h)]	HC+NO_x/[g/(kW·h)]	PM/[g/(kW·h)]		
					1									

续表

系族名称	测试机型型号	信息公开编号	发动机编号	测试结果（应是按照劣化系数和再生因子修正后的数值）									结果判定	整改措施
				非标准循环	2									
					3									
……														

表 7-11　发动机 NCD、PCD 系族季度测试报告

系族类别	系族名称	测试机型型号	信息公开编号	发动机编号	测试项目	测试内容	检测结果描述	符合性判定	整改措施
NCD	A	A1			1				
					2				
					3				
					…				
PCD	B	B1			1				
					2				
					3				
					……				
NCD+PCD	……	……			1				
					2				
					3				
					……				

表 7-12　机械系族季度测试概况

机械系族名称	机械系族总产量 / 台	测试机械型号	测试机械信息公开编号	测试机械产量 / 台	测试机械生产日期	测试机械数量 / 台	测试开始时间	测试结束时间

表 7-13　机械系族季度测试报告

系族名称	机械型号	信息公开编号	机械环保代码	PEMs 测试					烟度测试		结果判定	整改措施
				CO/[g/(kW·h)]	HC/[g/(kW·h)]	NO_x/[g/(kW·h)]	HC+NO_x/[g/(kW·h)]	符合性判定	光吸收系数 /m^{-1}	符合性判定		

7.4.3　年度分析报告

企业应在下一年度 3 月 1 日前提交本年度分析报告。

年度分析报告应包含上一年度销量数据，生产一致性测试结果与限值的对比分析，以及如发现生产一致性不符合，企业采取的相应的整改措施，完善一致性保证体系，应包括可能会受到同样缺陷影响的同系族机型。具体内容如下：

● 生产企业概况，应包括企业集团情况、工厂分布、生产线情况描述及其他企业情况介绍。

● 20×× 年度产销量情况分析，应包括发动机型号、发动机类别、产量、销量等统计分析。

● 20×× 年度生产一致性测试结果汇总及与限值的对比分析，应包括测试机型、测试数量、其他排放系族的符合性声明、结果分析等。

● 整改措施。

机动车和非道路移动机械环保信息公开系统每季度提供一次修改计划、报告和检验信息上传的窗口时间，生产企业应按要求选择最为邻近的时间窗口进行结果上传。

第 8 章　在用符合性

8.1　一般要求

机械与发动机生产企业应采取措施保证机械和发动机的在用符合性。企业采用的技术措施应确保在正常使用条件下，机械和发动机在全寿命周期内的排气污染物排放都能得到有效控制。

机械与发动机生产企业应按照 HJ 1014—2020 第 8 章的规定开展在用符合性自查。在用符合性自查应在机械和发动机的正常使用条件下，在有效寿命期内进行。机械与发动机生产企业均通过机械整机排放测试开展自查。

8.2　自查计划和报告

机械与发动机生产企业应制订在用符合性自查计划，在用符合性自查计划包括试验的时间表和抽样计划等，并在机动车和非道路移动机械环保信息公开系统备案。

机械与发动机的在用符合性自查报告应进行信息公开，发动机系族的在用符合性自查报告可作为机械生产企业的机械系族在用符合性自查报告的一部分。

8.2.1　自查系族选择

机械生产企业的在用符合性自查应以机械系族为基础进行，发动机生产企业的在用符合性自查应以发动机系族为基础进行。

机械与发动机生产企业可以不对每个机械或发动机系族进行自查，但企业选择自查的机械和发动机系族应具有足够的代表性，确保其他系族也能达标。企业进行信息公开时，应在合理的操作和适用环境条件下，对每个系族排放性能进行合理的工程评估，并同时声明其他未开展自查的机械或发动机系族也能符合 HJ 1014—

2020 第 5.7.6 条的规定（额定功率 37 kW 以下的机械和发动机系族符合 GB 36886—2018 规定的Ⅱ类限值要求）。

8.2.2　自查样机选择

8.2.2.1　样机选择原则

发动机生产企业进行在用符合性自查时，应尽量选择不同生产企业、不同类型的机械。机械生产企业进行在用符合性自查时，应尽量选择不同的发动机系族、不同类型的机械。企业应在最具有代表性的地区挑选测试样机，并向生态环境主管部门证明选择测试样机的地区具有足够代表性（如在该地区中测试机械的年销售量在市场上是最大的、该机械具有最高的作业负荷等）。

8.2.2.2　样机技术条件

机械与发动机生产企业应充分收集资料，以便能评定测试样机是否满足正常使用条件。选择测试样机时，企业应充分考虑在环境条件、作业工况等方面的差异。

测试样机及其装用发动机的排放控制系统等所有部件信息应与信息公开内容完全一致。测试样机的使用时间应尽可能达到 500 h 及以上，考虑到部分农业机械仅在收获季节使用，机械每年作业窗口期短，不利于积累足够的使用小时数，为便于开展在用符合性自查，企业可以适当降低农业机械和发动机的使用小时数。

每台测试样机应具有维护保养记录，以证明测试样机已按照企业建议进行了合理的维护保养和维修。在任何在用符合性自查试验前，应纠正测试样机的发动机所有 NCD 和 PCD 故障。测试样机及其发动机不应有不良使用的记录（如超载、加错油或错误操作等）或其他可能影响排放性能的因素（如篡改排放控制系统等）。应对存储在行车电脑中的系统故障代码和发动机运行时长信息进行分析。

8.2.2.3　样机数量与合格判定

测试样机的数量应按照 HJ 1014—2020 附件 GA 的要求确定，最小样本数量为 3 台机械（仅能完成不合格判定，合格判定最小样本量为 4 台机械），最大样本量为 10 台机械。测试样机数量与判定的设定规程可以使一批有 20% 缺陷率的机械或柴油机的通过率为 0.90（生产企业风险为 10%），而一批有 60% 缺陷率的机械或柴油机的通过率为 0.10（消费者风险为 10%）。n 次试验中不符合试验累计数的统计量应由样本确定。

用于在用符合性自查的测试样机按照以下要求进行合格判定：

计算样机中排放超标机械的数量。

如果排放超标机械数小于或等于表 8-1 中的合格判定数，则判定为合格。

如果排放超标机械数大于或等于表 8-1 中的不合格判定数，则判定为不合格。

如果排放超标机械数不能判定合格与否，则逐一增加测试样本，继续判定。

表 8-1　抽样计划的合格和不合格判定数　　单位：台

样本数（n）	超标机械数量	
	合格判定数（≤）	不合格判定数（≥）
3	—	3
4	0	4
5	0	4
6	1	4
7	1	4
8	2	4
9	2	4
10	3	4

例如，某企业选取 3 台样机进行测试：

若测试结果为 3 台全部超标，按照表 8-1 中样本数为 3 的情形，符合“不合格判定数≥3”的判定条件，可直接判定为不合格。

若测试结果为 3 台均未超标即超标数为 0，按照表 8-1 中样本数为 3 的情形，合格判定数为“—”，即不存在合格判定条件，不合格判定数为“≥3”，测试结果既不符合合格判定条件，也不满足不合格判定条件。按照 8.2.2.3 节判定原则，需要逐一增加测试样机数量，将样本量提升至 4 台。若第 4 台样机仍未超标，按照表 8-1 中样本数为 4 的情形，符合“合格判定数≤0”的判定条件，可判定为合格。若第 4 台样机超标，即超标机械数量为 1，此时仍无法进行判定，则继续逐一增加测试样机数量，直至超标机械数量满足任一判定条件为止。

8.2.2.4　推荐选择方法

机械和发动机在用符合性自查方案为推荐性要求，鼓励企业按照本小节要求进行自查，或采用更加严格的方案。

（1）机械企业

机械进口企业应基于已销售机械的机械类型、机械所装用发动机的排放系族、机械生产企业 3 个条件制订机械系族在用符合性测试计划，国内机械生产企业仅需考虑机械类型和发动机系族两个条件。

1）机械类型

建议企业对已销售机械所涉及的每种机械类型均开展自查，机械类型的定义与划分原则可以参考《工程机械定义及类组划分》（GXB/TY 0001—2011）、《农业机械分类》（NY/T 1640—2021）等标准中的机械大类。企业可按照以上标准规定的定义与划分原则，在每个机械大类中至少选择一个具有代表性的机械系族进行自查测试。

2）机械装用发动机的排放系族

机械生产、进口企业应统计所有已销售机械装用发动机的排放系族，按照每个排放系族内发动机的机械装机数量由高至低排序。对于装用额定净功率 37 kW 及以上发动机的机械，应在机械装机数量最多的 3 个或前 20%（按照该比例计算结果小于 1 的向上取整）的发动机排放系族中，选择对应的机械系族进行自查；对于装用额定净功率 37 kW 及以下发动机的机械，应在机械装机数量最多的 5 个或前 30%（按照该比例计算结果小于 1 的向上取整）的发动机排放系族中，选择对应的机械系族进行自查。

例如，某企业已销售机械全部为 37 kW 以下机型，共计 8 500 台。机械装用的发动机共包括 A、B、C、D、E 5 个排放系族。将每个发动机系族按照机械装机数量由高至低排序，发动机系族的机械装机数量排名依次为 A、B、C、D、E（表 8-2）。根据本小节的推荐方案，企业应在机械装机数量最多的 3 个发动机排放系族中（A、B、C 系族）选择对应的机械系族机型自查。即发动机系族 A，应在 a1 至 a4 中选择机械系族进行自查；发动机系族 B，应在 b1 至 b3 中选择机械系族进行自查，以此类推。

表 8-2 机械装用发动机的排放系族（示例）

发动机系族	引用该发动机系族的机械数量 / 台	引用该发动机系族的机械系族	机械系族的机械数量 / 台
A	3 000	a1	2 000
		a2	500
		a3	400
		a4	100

续表

发动机系族	引用该发动机系族的机械数量 / 台	引用该发动机系族的机械系族	机械系族的机械数量 / 台
B	2 600	b1	1 800
		b2	600
		b3	200
C	1 600	c1	1 000
		c2	600
D	1 500	d1	1 500
E	800	e1	800
总计	9 500		

3）机械生产企业

机械进口企业每年应至少选择一个已销售机械的制造商开展自查，每个机械制造商至少选择一个机械系族进行测试。

（2）发动机企业

发动机企业的在用符合性自查应以发动机排放系族为基础进行。发动机生产企业应按照每个发动机排放系族的市场销量由高至低排名，选择发动机销量高的排放系族进行自查。在此基础上，企业尽量选择不同生产企业、不同类型的机械进行在用符合性自查试验。

8.2.3 测试方法

额定功率为 37 kW 及以上的发动机和机械应按 HJ 1014—2020 附录 E 规定的车载法检测规程和要求（PEMS）进行。额定功率为 37 kW 以下机械和发动机应按照 GB 36886—2018 规定的自由加载法或自由加速法进行烟度测试。

8.2.4 测试计划

按照 HJ 1014—2020 第 8.2.1 条的规定，发动机和机械生产企业应在机械首次销售后 18 个月内，制订在用符合性自查计划，并将自查计划信息公开。

企业应按照 GB 20891—2014 附录 A 和 HJ 1014—2020 附录 A 的要求编制在用符合性测试计划，并在每年 3 月 1 日前将该年度的在用符合性测试计划提交给生态环境主管部门。测试计划模板见表 8-3、表 8-4。

表 8-3　发动机在用符合性测试计划

发动机排放系族名称	发动机系族销量 / 台	发动机型号	发动机机型销量 / 台	测试机械型号	测试机械生产企业名称	试验时间	测试机械数量 / 台	测试机械选择地区
A								×× 省 ×× 市
B								×× 省 ×× 市
……								

表 8-4　机械在用符合性测试计划

机械系族名称	机械系族销量 / 台	测试机械型号	测试机械销量 / 台	发动机型号	发动机生产企业名称	试验时间	测试机械数量 / 台	测试机械选择地区
A								×× 省 ×× 市
B								×× 省 ×× 市
……								

8.2.5　测试报告

生产企业至少应以每 2 年为周期提交在用符合性自查报告，并进行信息公开。发动机生产企业自查对象应为同一发动机型号（发动机系族），机械生产企业的自查对象为同一机械型号（机械系族）。发动机停产 5 年后，生产企业可以停止提交在用符合性自查报告。若某一发动机型号（系族）的发动机年产量少于 300 台，向国务院生态环境主管部门报备后，生产企业可减少进行在用符合性自查的机械（发动机）数量。

在用符合性自查的抽样和结果判定按照 HJ 1014—2020 附录 GA 执行，并按照 HJ 1014—2020 附录 AB 的要求完成自查报告，将自查报告信息公开。自查报告应包含测试机械基本信息、主要参数及测试结果。测试机械基本信息见表 8-5，在用符合性测试结果信息见表 8-6。

表 8-5　在用符合性测试机械基本信息

机械基本情况									使用情况					维修保养情况			
机械编号	机械系族名称	机械型号	机械信息公开编号	机械环保代码	发动机系族名称	发动机型号	发动机信息公开编号	发动机编号	机械购买地点	机械使用区域	机械加油情况是否正常	机械使用记录（是否有滥用改造等）	NCD/PCD 故障指示记录	维修保养项目	使用小时数 /h	频次	备注
A																	
B																	
……																	

表 8-6　在用符合性测试结果

机械基本信息				PEMS 结果（再生因子修正后）					PEMS 试验信息								烟度测试
机械编号	机械型号	机械信息公开编号	机械环保代码	CO/[g/(kW·h)]	HC/[g/(kW·h)]	NO_x/[g/(kW·h)]	HC+NO_x/[g/(kW·h)]	CO_2/ppm	试验时间	试验地点	环境温度 /℃	相对湿度 /%	大气压 /kPa	试验海拔 /m	NRTC 循环功 /kW·h	试验载荷 /%	光吸收系数（m^{-1}）
A																	
B																	
……																	

8.3　排放质保部件

根据 HJ 1014—2020 第 5.8 条的规定，生产企业应保证排放相关零部件的材料、制造工艺及产品质量，能确保其在有效寿命期内的正常功能。生产企业在信息公开时，应公开排放相关零部件名单及其相应的质保期，并将 HJ 1014—2020 第 5.8 条规定的信息在产品说明书中进行说明。

生产企业应详细记录排放质保相关部件的索赔、修理以及维修过程中记录的 NCD、PCD 故障信息，相关部件和系统的故障频率和原因也应详细记录，故障记录见表 8-7。

表 8-7　故障记录

部件名称	质保期	维修时间	维修原因	是否 NCD、PCD 相关故障	NCD、PCD 故障代码	故障维修率（维修部件占该部件销量比重）	NCD、PCD 故障维修率
A							
B							
……							

第 9 章　确认检查

9.1　一般要求

非道路移动机械和柴油机机型应按照 GB 20891—2014 第 5.2 条的要求及 HJ 1014—2020 第 5.2 条的要求进行型式检验。为进一步加强对发动机及机械的监督管理，提高企业对发动机及机械的生产一致性保证能力，生态环境主管部门可以对拟进行型式检验发动机或机械进行确认检查。

9.2　抽样流程及注意事项

9.2.1　关键部件核查

抽样人员根据企业备案的柴油机附录信息对拟抽样柴油机的关键部件生产备件（不少于 30 台份）进行核查，核对部件型号生产厂名称一致性。

9.2.2　装配过程监督

（1）柴油机开始上线装配，对装配过程进行监督。

（2）在柴油机缸体号打刻工位，逐一记录 30 台柴油机缸体号，并进行标记。

（3）装配的 30 台柴油机全部下线检验合格后，根据企业备案的柴油机附录信息核对记录编号的柴油机配置信息。

9.2.3　柴油机抽样

（1）从 30 台柴油机中随机抽取 3 台（或 4 台）进行封样，并填写表 9-1。仅对需运送的柴油机进行封样，如现场进行排放测试试验，试验柴油机不需封样。

表 9-1　柴油机确认检查样品登记表

<table>
<tr><td>样品生产企业</td><td colspan="3"></td></tr>
<tr><td>商标</td><td></td><td>样机型号</td><td></td></tr>
<tr><td>抽样数</td><td></td><td>抽样方式</td><td></td></tr>
<tr><td>抽样基数</td><td></td><td>抽样日期</td><td></td></tr>
<tr><td>抽样地点</td><td></td><td>封样方式</td><td></td></tr>
<tr><td>燃料种类</td><td></td><td>送样方式</td><td></td></tr>
<tr><td>送样地点与
预计到达时间</td><td colspan="3"></td></tr>
<tr><td>试验前磨合</td><td>不磨合
磨合______h</td><td>试验燃料</td><td>□ 92#（93#）□ 95#（97#）
□ -10#　□ 0#
□其他：</td></tr>
<tr><td>检测项目</td><td colspan="3"></td></tr>
<tr><td>序号</td><td>生产日期</td><td>发动机号</td><td>合格证号</td></tr>
<tr><td>1</td><td></td><td></td><td></td></tr>
<tr><td>2</td><td></td><td></td><td></td></tr>
<tr><td>3</td><td></td><td></td><td></td></tr>
<tr><td>4</td><td></td><td></td><td></td></tr>
<tr><td colspan="2">抽样人签名：
年　月　日</td><td colspan="2">封样人签名：
年　月　日</td></tr>
<tr><td colspan="2">被抽样单位法定代表人（委托代理人）
签名：
年　月　日</td><td colspan="2">备注：</td></tr>
</table>

（2）对抽取的柴油机用包装袋整体包裹后，封样胶带呈“十”或“#”封样。胶带中间不得有断点且首尾相接。在胶带交接处粘贴封样人签字标签。要求标签覆盖胶带首尾及包装袋。封样完成后，在封样包装袋外再罩一层包装袋以保护封签。

（3）对封样情况进行拍照，至少包括柴油机标签、关键部件永久标识、封样后整体照片、封样标签细节放大照片。

9.2.4　后处理装置抽样

（1）对带有后处理装置柴油机，后处理装置单独封样（后处理装置与柴油机装配在一体时除外），并填写表 9-2。后处理装置抽样基数与抽取的样品数量应与柴油机保持一致，对使用贵金属催化剂的后处理装置，抽样数量应增加 2 个，用于贵金属检测。

（2）用电刻笔在后处理壳体表面刻字标记（封样人签名、封样日期）。后处理用包装袋包裹后用胶带及封样标签整体封样。

（3）对封样情况进行拍照，至少包括后处理永久标识、刻字标记、封样后整体照片、封样标签细节放大照片。

表 9-2　后处理装置抽检登记表

类别	催化转化器
发动机型号	
发动机型生产厂	
发动机编号	
排放阶段	
催化器型号	
催化器生产厂	
催化器数量	
单元数量	
载体材料	
载体生产厂	
涂层生产厂	
抽样人签名： 年　月　日	被抽样单位法定代表人（委托代理人）签名： 年　月　日

9.2.5 样品保存及运送

抽样完成后应尽快按照表 9-1 上的时间及检测地点安排样品运送。样品运输及封存在企业期间，应采取措施保证样品安全且封签完好。

9.3 试验流程及注意事项

检验机构应按照标准要求，认真完成检测试验任务，保证过程公正、数据真实，对检测情况保密。整个试验过程要求在视频监控下进行，生态环境主管部门组织人员对试验过程进行监督。

9.3.1 样品拆封

由监督试验人员从样机中抽取进行排放测试发动机，由检验机构人员对样机进行拆封。对封样情况及封签细节进行拍照，并确认封样情况（封样标签及胶带）完好。

9.3.2 关键部件核对

检验机构人员对照发动机备案附录内容核对发动机标签、关键部件永久标识信息。

9.3.3 发动机磨合

发动机磨合工况由企业提供，磨合时间不得超过 50 h。磨合用燃料与排放试验一致。

9.3.4 试验燃料

排放测试应使用满足标准要求的基准燃油。耐久试验可以使用符合相应排放标准的市售燃油。润滑油按照企业申报资料规定或者由企业自行提供。试验用燃料应具有第三方检验机构出具的检测报告。

9.3.5 发动机测试

（1）确认发动机试验边界条件，并填写表 9-3。

（2）标准气体检查及分析仪标定，并填写表 9-4。

（3）进行标准规定的排放测试及 NCD、PCD 功能验证。

（4）试验滤纸的称量、取放均应在视频监控下进行。记录颗粒物称量数据，并填写表 9-5。

（5）3 台排放试验结束后，由监督试验人员选取其中 1 台进行 300 h 耐久试验及耐久后排放测试。耐久运行工况为企业申报耐久计划中工况。

（6）结果判定。确认检查抽取的 3 台样车（机）的排放检测结果及其中 1 台样车（机）300 h 耐久后排放测试结果均符合标准限值要求，则判定为确认检查通过。

表 9-3　试验条件确认表

项目	企业申报值	试验值	备注
额定净功率或转速 /（kW 或 r/min）			确认检查允许偏差 ±5%[1] 一致性检查允许偏差 ±5%
最大扭矩或转速 /（N · m 或 r/min）			确认检查 ±5%[2] 一致性 ±5%
进气阻力 /kPa			不大于企业申报值，尽量接近申报值
排气背压 /kPa			不大于企业申报值，尽量接近申报值
中冷后温度 /K			不大于企业申报值，差异不超过 5 K，不得低于 318 K
燃油温度 /K			尽量接近申报值
冷却液温度 /K			尽量接近申报值
中间转速 /（r/min）			测量值在申报值 ±3% 以内采用申报值。转速超差则全部采用实测值
非标准循环排放			由系统自动产生 3 个测试点
试验条件满足要求，同意开始试验			
[1] 37 kW 以下，确认检查及一致性检查允许偏差 10% [2] 37 kW 以下，确认检查及一致性检查允许偏差 10%			
检验机构签字：	企业签字：		日期：

表 9-4　标准气体查记录表

发动机编号：				
标准气	C_3H_8/ppm	CO/ppm	NO_x/ppm	CO_2/%
气瓶编号				
浓度				
有效期				
零气（前）				
零气（后）				
量程				
量距气（前）				
量距气（后）				
判定标准	不大于 ±2%			
偏差 /%				
判定结果				
检验机构签字：		日期：		

表 9-5　颗粒物称量记录表

项目	检验前滤纸质量 /mg				检验后滤纸质量 /mg				颗粒物质量 /mg
	第 1 次	第 2 次	第 3 次	平均值	第 1 次	第 2 次	第 3 次	平均值	
排放									
背景									
对比滤纸									颗粒物总质量 /mg
称量时间									
大气压力 /kPa									
大气温度 /℃									
相对湿度 /%									
检验后滤纸恒重时间 /h					放置后滤纸质量 /mg				颗粒物质量 /mg
					第 1 次	第 2 次	第 3 次	平均值	
称量时间			排放						
大气压力 /kPa			背景						
大气温度 /℃			对比滤纸						颗粒物质量 /mg
相对湿度 /%									
颗粒物称量过程					颗粒物称量过程				
试验前滤纸称量过程					滤纸架取下过程				
滤纸架安装过程					试验后滤纸初次称量过程				
					滤纸恒重后称量过程				
检验机构签字：					日期：				

9.3.6　其他注意事项

发动机磨合、试验、耐久过程中，企业人员不得对发动机进行调整，仅可进行正常保养维护（仅限于补充或更换润滑油，更换油滤）。

企业人员可在发动机安装台架时予以协助配合。发动机试验开始后，在未经允许情况下不可进入试验间。可留 1 名人员在操作间观看试验过程。

试验结束后，所有纸质原始记录、机打记录均需签字。检验机构出具正式检验报告。

第 10 章　非道路移动机械及发动机豁免备案

10.1　一般要求

按照 GB 20891—2014 标准相关要求，对于出口、展览、救援、应急、匹配试验、替换用柴油机等特殊用途的柴油机，免予型式检验，但应公开豁免柴油机的相关信息，包括型号、功率、生产厂、用途、所达到的排放标准阶段、数量和生产日期等内容。

符合标准规定豁免范围的柴油机及机械，应在机动车环保信息公开系统备案豁免柴油机及机械相关信息，上传豁免承诺书，并安装豁免标签或在发动机标签、机械环保标签上增加豁免相关内容。

10.2　豁免备案主体

（1）若发动机未完成信息公开（或入库），或不符合现行最新国家排放标准（指 GB 20891—2014 第四阶段标准）的规定，发动机或装用该类发动机的机械的豁免备案主体如下：

1）出口用途

若发动机直接出口，由发动机生产企业进行备案。

若发动机装配到机械后出口，由发动机生产（或进口）企业和机械生产企业分别进行备案。

2）展览用途

若发动机直接展览，发动机在国内生产的，由发动机生产企业进行备案；发动机由国外进口的，由发动机进口企业进行备案。

若发动机装配到机械后展览，在国内完成装配的，由发动机生产（或进口）企业和机械生产企业分别进行备案；在国外完成装配后进口的，由机械进口企业进行发动机或机械的豁免备案。

3）应急、救援用途

若发动机装配机械后使用，在国内完成装配的，由机械生产企业和发动机生产（或进口）企业分别进行备案；在国外完成装配后进口的，由机械进口企业进行发动机或机械的豁免备案。

4）匹配试验、替换用途

由发动机生产（或进口）企业和机械生产（或进口）企业分别进行备案。

（2）对于装用已经信息公开（或入库）且符合现行最新国家排放标准的发动机，用于豁免用途的机械（例如装用已公开或入库发动机进行匹配试验的机械），由机械生产（或进口）企业进行备案。

10.3　豁免备案时间

国内生产企业应在出厂前完成豁免备案，进口企业应在入境前完成豁免备案。

对于仅涉及发动机或机械的豁免备案，由发动机或机械企业直接进行备案。对于同时涉及发动机和机械的豁免备案，应先由发动机企业进行备案，再由机械企业进行备案。

10.4　豁免承诺书

豁免承诺书应详细说明所豁免事由，豁免事由应符合 GB 20891—2014 第 4.3 条的规定。豁免事由的内容包括但不限于：豁免发动机（装用豁免发动机的机械）的制造商及型号、数量、豁免用途、豁免期限（如适用）、豁免期限结束后发动机的处理方式（如适用）、使用地点（如适用）等。

豁免备案企业应承诺所提交的豁免发动机（装用豁免发动机的机械）的信息真实、完整、准确。

豁免备案企业应承诺豁免发动机（装用豁免发动机的机械），在企业声明的豁免期限内，仅用于企业备案信息中所述的指定用途；豁免期限到期后，按照豁免备案中的处理方式，对豁免发动机进行处理。

豁免承诺书应由豁免备案企业加盖公章，扫描为 PDF 文件后上传至机动车环保信息公开系统。

10.5 豁免信息表

豁免备案主体应根据发动机豁免范围，填写表 10-1～表 10-5 中相关豁免发动机信息，并上传至机动车环保信息公开系统。

豁免备案主体应根据机械豁免范围，填写表 10-6～表 10-12 中相关机械信息，并上传至机动车环保信息公开系统。

表 10-1 豁免发动机信息表（出口）

发动机基本信息	发动机制造商	
	发动机型号	
	发动机编号	
	生产日期	
豁免信息	豁免用途	
	是否装配机械后出口	
	发动机出口企业	
	发动机出口口岸	
	发动机最晚离境时间	

表 10-2 豁免发动机信息表（展览）

发动机基本信息	发动机制造商	
	发动机型号	
	发动机编号	
	生产日期	
	排放系族名称	
	额定净功率或转速 /（kW 或 r/min）	
	最大净扭矩或转速 /（N · m 或 r/min）	
	工作方式	
	排量 /L	
	燃料喷射系统型式	

续表

环保关键部件信息	喷油泵型号 / 生产厂	
	喷油器型号 / 生产厂	
	增压器型号 / 生产厂	
	共轨管型号 / 生产厂	
	EGR 型号 / 生产厂	
	DOC 型号 / 生产厂	
	SCR 型号 / 生产厂	
	LNT 型号 / 生产厂	
	DPF 型号 / 生产厂	
	ASC 型号 / 生产厂	
	NCD 型号 / 生产厂	
	PCD 型号 / 生产厂	
	NCD+PCD 型号 / 生产厂	
其他信息	豁免用途	
	豁免期限	
	发动机（机械）展览企业	
	发动机（机械）展览地点	
	豁免期限结束后发动机处理方式	

表 10-3　豁免发动机信息表（应急救援）

发动机基本信息	发动机制造商	
	发动机型号	
	发动机编号	
	生产日期	
	排放系族名称	
	额定净功率或转速 /（kW 或 r/min）	
	最大净扭矩或转速 /（N · m 或 r/min）	
	工作方式	
	排量 /L	
	燃料喷射系统型式	

续表

环保关键部件信息	喷油泵型号 / 生产厂	
	喷油器型号 / 生产厂	
	增压器型号 / 生产厂	
	共轨管型号 / 生产厂	
	EGR 型号 / 生产厂	
	DOC 型号 / 生产厂	
	SCR 型号 / 生产厂	
	LNT 型号 / 生产厂	
	DPF 型号 / 生产厂	
	ASC 型号 / 生产厂	
	NCD 型号 / 生产厂	
	PCD 型号 / 生产厂	
	NCD+PCD 型号 / 生产厂	
其他信息	豁免用途	
	豁免期限	
	豁免发动机（机械）使用单位	
	豁免发动机（机械）使用地点	

表 10-4　豁免发动机信息表（匹配试验）

发动机基本信息	发动机制造商	
	发动机型号	
	发动机编号	
	生产日期	
	排放系族名称	
	额定净功率或转速 /（kW 或 r/min）	
	最大净扭矩或转速 /（N · m 或 r/min）	
	工作方式	
	排量 /L	
	燃料喷射系统型式	

续表

环保关键部件信息	喷油泵型号 / 生产厂	
	喷油器型号 / 生产厂	
	增压器型号 / 生产厂	
	共轨管型号 / 生产厂	
	EGR 型号 / 生产厂	
	DOC 型号 / 生产厂	
	SCR 型号 / 生产厂	
	LNT 型号 / 生产厂	
	DPF 型号 / 生产厂	
	ASC 型号 / 生产厂	
	NCD 型号 / 生产厂	
	PCD 型号 / 生产厂	
	NCD+PCD 型号 / 生产厂	
其他信息	豁免用途	
	豁免期限	
	匹配试验单位	
	豁免期限结束后发动机处理方式	

表 10-5　豁免发动机信息表（替换用）

发动机基本信息	发动机制造商	
	发动机型号	
	发动机编号	
	生产日期	
	排放系族名称	
	额定净功率或转速 /（kW 或 r/min）	
	最大净扭矩或转速 /（N · m 或 r/min）	
	工作方式	
	排量 /L	
	燃料喷射系统型式	

续表

环保关键部件信息	喷油泵型号 / 生产厂	
	喷油器型号 / 生产厂	
	增压器型号 / 生产厂	
	共轨管型号 / 生产厂	
	EGR 型号 / 生产厂	
	DOC 型号 / 生产厂	
	SCR 型号 / 生产厂	
	LNT 型号 / 生产厂	
	DPF 型号 / 生产厂	
	ASC 型号 / 生产厂	
	NCD 型号 / 生产厂	
	PCD 型号 / 生产厂	
	NCD+PCD 型号 / 生产厂	
其他信息	豁免用途	
	被替换发动机制造商	
	被替换发动机型号	
	被替换发动机排放阶段	
	被替换发动机编号	
	被替换发动机生产日期	
	被替换发动机处置方式	

表 10-6　装用豁免发动机的机械信息表（出口）

机械信息	机械生产企业	
	机械类别	
	机械名称	
	机械型号	
	机械编号	
	机械生产日期	
发动机信息	发动机制造商	
	发动机型号	
	发动机编号	

续表

其他信息	豁免用途	
	机械出口企业	
	机械出口国家或地区	
	机械出口口岸	
	机械最晚离境时间	

表 10-7　装用豁免发动机的机械信息表（展览）

机械企业	机械生产企业	
	机械类别	
	机械名称	
	机械型号	
	机械编号	
	机械生产日期	
发动机信息	发动机制造商	
	发动机型号	
	发动机编号	
其他信息	豁免用途	
	豁免期限	
	机械展览企业	
	机械展览地点	
	展览结束后发动机处置方式	

表 10-8　装用豁免发动机的机械信息表（应急救援）

机械企业	机械生产企业	
	机械类别	
	机械名称	
	机械型号	
	机械编号	
	机械生产日期	

续表

发动机信息	发动机制造商	
	发动机型号	
	发动机编号	
其他信息	豁免用途	
	豁免发动机（机械）使用单位	
	豁免发动机（机械）使用地点	

表 10-9　装用豁免发动机的机械信息表（匹配试验）

机械企业	机械生产企业	
	机械类别	
	机械名称	
	机械型号	
	机械编号	
	机械生产日期	
发动机信息	发动机制造商	
	发动机型号	
	发动机编号	
其他信息	豁免用途	
	豁免期限	
	匹配试验单位	
	豁免期限后发动机处理方式	

表 10-10　装用豁免发动机的机械信息表（替换用）

机械企业	机械生产企业	
	机械类别	
	机械名称	
	机械型号	
	机械编号	
	机械生产日期	

续表

发动机信息	发动机制造商	
	发动机型号	
	发动机编号	
其他信息	豁免用途	
	被替换发动机制造商	
	被替换发动机型号	
	被替换发动机排放阶段	
	被替换发动机编号	
	被替换发动机生产日期	
	被替换发动机处置方式	

表 10-11　装用已信息公开（入库）发动机的机械信息表（出口）

机械企业	机械生产企业	
	机械类别	
	机械名称	
	机械型号	
	机械编号	
	机械生产日期	
发动机信息	信息公开编号	
	发动机制造商	
	发动机型号	
	发动机编号	
其他信息	豁免用途	
	机械出口企业	
	机械出口国家或地区	
	机械出口口岸	
	机械最晚离境时间	

表 10-12　装用已信息公开（入库）发动机的机械信息表（出口）

机械企业	机械生产企业	
	机械类别	
	机械名称	
	机械型号	
	机械编号	
	机械生产日期	
发动机信息	信息公开编号	
	发动机制造商	
	发动机型号	
	发动机编号	
其他信息	豁免用途	
	豁免期限	
	匹配试验单位	
	匹配试验地点	
	豁免期限后发动机处理方式	

10.6　豁免标签

豁免发动机、装用豁免发动机的机械、装用已经信息公开（或入库）发动机的用于豁免用途的机械均应安装豁免信息标签，对于使用替换用发动机且已安装环保信息标签的机械可不安装豁免标签。国内生产企业应在出厂前安装标签，进口企业应在入境前安装标签。

发动机标签应注明用于豁免，且包括但不限于以下信息：发动机型号、发动机编号、发动机制造商名称、发动机进口企业（如适用）、生产日期、豁免用途、豁免期限（如适用）等。

机械标签应注明用于豁免，且包括但不限于以下信息：机械型号、机械编号、机械制造商名称、机械进口企业（如适用）、生产日期、发动机型号和制造商名称、豁免用途、豁免期限（如适用）等。

标签其他内容及样式可参考 GB 20891—2014 第 7 条、HJ 1014—2020 附录 I 的规定。

发动机和机械标签应使用中文标注，位置应明显可见。

标签材质应能保证标签在发动机或机械的整个生命周期内（对于匹配试验和展览用途，要求在豁免期限内；对于出口用途，要求在发动机或机械离境前）不易毁坏且内容清晰可见。

10.7　豁免期限后的处理方式

涉及豁免期限的发动机和机械，豁免期限到期后，企业应按照豁免备案中承诺的处理方式，对豁免发动机（装用豁免发动机的机械）进行处理。处理方式包括但不限于：出口、销毁、信息公开后销售等。

对于选择信息公开后销售的豁免发动机（装用豁免发动机的机械），应按照 GB 20891—2014、HJ 1014—2020 的规定更换标签，并完成单机信息上传。

第 11 章　非道路移动机械排放远程监控要求

11.1　概述

2018 年年底，生态环境部联合多部委发布了《柴油货车污染治理攻坚战行动计划》（环大气〔2018〕179 号），在其第（十四）条中明确提出：推进工程机械安装精准定位系统和实时排放监控装置，2020 年年底前，新生产、销售的工程机械应按标准规定进行安装。进入重点区域城市划定的禁止使用高排放非道路移动机械区域内作业的工程机械，鼓励安装精准定位系统和实时排放监控装置，并与生态环境部门联网。

2018 年 8 月发布的《非道路移动机械污染防治技术政策》第（七）条中提出：推广排放远程监控技术。利用信息技术的进步和发展，通过安装卫星定位及远程排放监控装置、电子围栏平台建设、数据库动态分析等方法，逐步实现对各类非道路移动机械的远程排放监控。

非道路移动机械没有注册登记制度，产品销售后在后市场缺少必要的监管手段。同时非道路移动机械的工作特点是工作地点分散、间歇性流动，车辆可以依靠设卡路检路查进行有效的排放管控，而非道路移动机械无法采用该方法，仅依靠检查人员专门到现场进行检查，效率极低。因此，需要一种可以不到现场便能够进行排放检查的方法来实现非道路移动机械排放的有效监管，非道路移动机械排放远程监控，将是未来非道路移动机械排放管理的重要手段。

通过排放远程监控，可有效服务于生态环境主管部门，实现非道路移动机械排放监测、超标预警、精准定位等，可极大提高生态环境主管部门对非道路移动机械排放的监管效率，重型车排放远程监控将是未来最重要的监管手段。

11.2　技术原理

11.2.1　定义

目前，非道路移动机械排放远程监控，是通过数据采集技术，将机械实时运行和排放的数据，经无线网络传输至生态环境部管理信息平台，由生态环境部对数据进行收集、存储、分析及决策判断，并进而实施监管的技术。通过管理信息平台能够实时查看机械运行状态和实际排放情况，对排放超标机械将进行提醒，通知其进行维护，可极大提升在用机械监管的效率，有助于减少机械的实际污染物排放。图 11-1 为远程监控系统示意图。

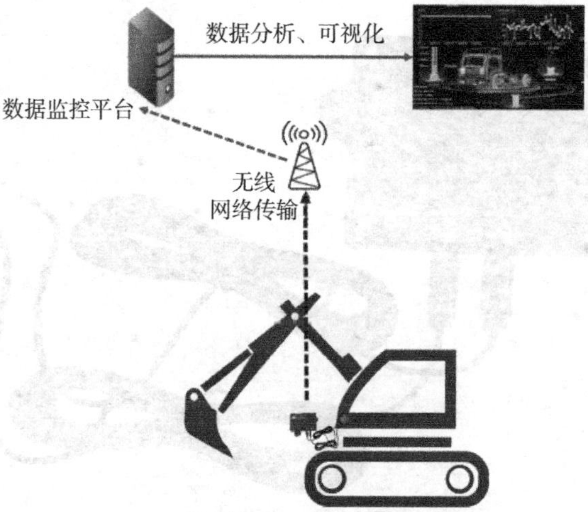

图 11-1　远程监控系统示意图

11.2.2　支撑性技术

排放远程监控的支撑性技术主要有数据采集技术、无线通信技术、卫星导航精准定位技术以及数据防篡改技术 4 项，见图 11-2。

图 11-2　远程监控四大支撑性技术

数据采集技术，主要实现机械运行数据和排放数据的采集，非道路移动机械的电控单元（行车电脑）和车载诊断系统（OBD）进行数据交互，将发动机的运行状态、排放状态以及 OBD 信息进行采集；无线通信技术，通过无线信号及时地将实时数据传输到管理部门的信息平台上；卫星导航精准定位技术，实现机械实时位置信息的精准定位；数据防篡改技术，可保证数据在传输过程中不被任何人进行篡改，保证数据的真实性。

11.2.3　关键设备

车载终端是实现远程监控的设备载体，车载终端集成了数据采集、无线传输、卫星导航以及数据防篡改四大关键部件，见图 11-3。它是监管部门的好帮手，通过监控平台体系，可以对在用机械全生命周期的运行情况进行全面监管。

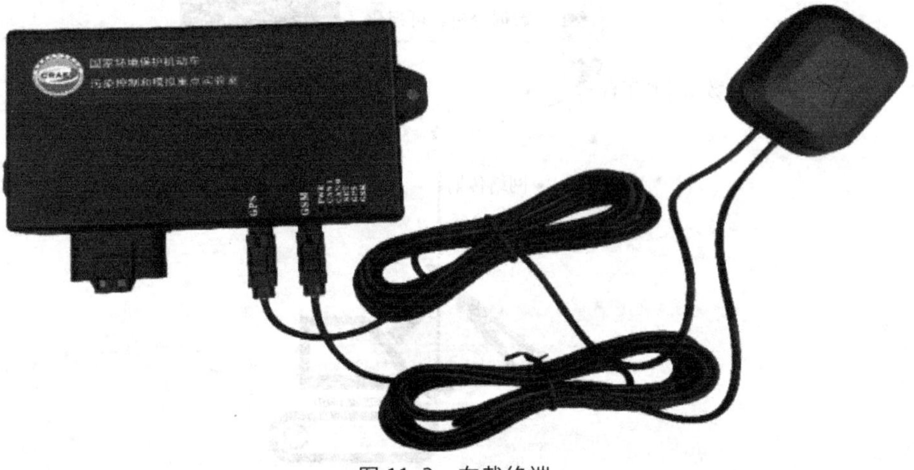

图 11-3　车载终端

11.3　远程监控要求

11.3.1　适用范围

远程监控要求，适用于装用额定净功率 37 kW 及以上柴油机的机械，其中，工程机械应安装卫星导航定位系统，进行定位监控，同时还应进行排放远程监控和诊断信息监控，其他机械仅进行定位监控。

11.3.2　一般要求

（1）出厂前安装车载终端要求

所有装用额定净功率 37 kW 及以上柴油机的机械，出厂前应加装卫星导航精准定位系统。装用额定净功率 37 kW 及以上柴油机（如果装有 SCR 后处理系统，至少应有 SCR 下游 NO_x 传感器）的工程机械，出厂前应加装车载终端系统。

（2）机械生产企业应保证全寿命数据发送

机械企业应确保车载终端和精准定位系统在机械全寿命期内应正常工作。机械生产企业应采取必要的技术措施，在机械全寿命内作业时，应能通过卫星导航精准定位系统实现对其准确定位，生产企业应保证机械按附录 H 的要求进行定位信息的数据发送。对于工程机械，机械生产企业应采取必要的技术措施，在机械全寿命内作业时，进行数据发送。

（3）车载终端应具有防拆除技术措施

机械生产企业应具有车载终端和精准定位系统防拆除技术措施，确保车载终端和精准定位系统不被恶意拆除。当车载终端和精准定位系统故障或拆除时，机械应激活报警系统，并尽可能向管理信息平台发送拆除报警信息，报警信息包括拆除状态、拆除时间和定位经纬度信息。报警系统可以使用与 NCD、PCD 不同的系统。

11.3.3　车载终端自检

车载终端应在通电开始工作时，通过信号灯、显示屏或声音显示当前主要状态。主要状态包括通信是否正常、车载终端是否正常。当车载终端无法正常联网或者不正常运行时，机械需要通过相关指示器提示驾驶员。

解读：状态指示灯不能集成在车载终端上，否则无法起到提示驾驶员的作用。信号灯、仪表盘显示屏或声音的方式均可，也可采用仪表盘文字形式提示驾驶员，但应明确告知驾驶员各信号的含义。

11.3.4　时间和日期

车载终端应能提供时间和日期。车载终端应能以时、分、秒或 hh：mm：ss 的方式记录时间（注：车载终端本身应具有绝对时间和日期功能，不可是相对时间序列）；应能以年、月、日或 yyyy/mm/dd/ 的方式记录日期。与标准时间相比，时间误差允许范围为 24 h 内 ±5 s。

11.3.5 数据采集

当监控机械启动后，作业前，车载终端应对机械进行表 11-1 的读取。

表 11-1 车载终端控制诊断信息

序号	数据项
1	诊断协议
2	报警灯状态
3	故障码总数
4	故障码信息列表

车载终端应能按照表 11-2 采集相关数据，采集频率应至少每 10 min 采集一次。

表 11-2 车载终端数据采集信息

数据类型	数量 / 项	数据项
环境参数	1	大气压力
整车参数	3	车速 油箱液位 反应剂余量
发动机参数	13	发动机净输出扭矩 摩擦扭矩 发动机转速 发动机燃料流量 SCR 上游 NO_x 传感器输出值 SCR 下游 NO_x 传感器输出值 进气量 SCR 入口温度 SCR 出口温度 DPF 压差 发动机冷却液温度 实际的 EGR 阀开度 设定的 EGR 阀开度

车载终端还应采集定位信息（表 11-3）。

表 11-3 车载终端定位信息

序号	数据项
1	状态位
2	定位经度
3	定位维度

11.3.6 数据存储、传输

考虑到数据传输的并发量和车载终端的发送质量，规定数据传输周期至少为 10 min 一次。与重型车远程监控不同，传输时，仅需传输当前周期内 1 s 的数据，不需要将 10min 内所有数据打包上传。柴油机启动后 60 s 内必须传输数据，柴油机停机后可以不传输数据。控制诊断信息需要每 24 h 内至少上传一次。

为防止数据丢失及信号中断等情况的出现，车载终端必须具有数据存储功能，要求能够存储连续 7 天的数据。由于非道路移动机械实际使用情况复杂，有可能受遮挡或在偏远山区运行等，导致通信链路异常，因此，有必要对数据补传提出要求。当数据通信链路异常时，车载终端应将上报数据进行本地存储，车载终端内部存储介质存储满时，应具备内部存储数据的自动覆盖功能，且当车载终端断电停止工作时，应能完整保存断电前保存在内部介质中的数据不丢失。在数据通信链路恢复正常后，在传输实时数据的同时补传存储的历史数据。

11.4 其他要求

11.4.1 机械环保代码

机械环保代码是机械唯一身份识别码，即使车载终端出现损坏和更换，只要仍是该机械环保代码，管理信息平台就会认定是同一台机械进行数据管理。机械环保代码共 17 位，由 1 组字母数字组成，具体编码规则见 HJ 1014—2020。

11.4.2 机械登入登出信息

登录信息应提供 SIM 卡信息，用于建立连接，退出登录信息流水号与登录信息一致。机械启动作业后应登录，停机后应退出登录，机械作业过程中无须重复登录 / 退出登录。

特别强调的是，机械停机后，必须传输退出登录信息，若无退出登录信息，将由管理信息平台自动判断退出登录，将会影响丢包率计算等。

11.4.3 安全策略

车载终端应提供技术可行的安全策略，保证产品各种性能和功能处于安全范围内。从以下几个方面来实现：

- 车载终端存储、传输的数据应是加密的，应采用非对称加密算法，可使用国密 SM2 算法或者 RSA 算法，并且需要采用硬件方式对私钥进行严格保护；
- 车载终端存储、传输的数据应是完整的；
- 数据传输过程应当对数据进行扫描，及时发现恶意的数据及攻击行为，如对 ECU 等 CAN 总线设备的写命令，或其他超出正常数据读取的指令，安全检测应当检出 95% 以上的攻击，误报率小于 1%，在攻击开始后 10 s 内发现并启动防护措施；
- 未经企业同意，车载终端只能读取车辆数据，不能向 ECU 发送除诊断请求外的其他任何指令；
- 车载终端应只向外发送数据，不应接受除生产企业外的操作指令。

第 12 章　非道路移动机械排放远程监控联网操作流程

HJ 1014—2020 第 5.7.5 条要求：装用额定净功率 37 kW 及以上柴油机（如果装有 SCR 后处理系统，至少应有 SCR 下游 NO_x 传感器）的工程机械，出厂前应加装车载终端系统，并满足标准第 5.7.7 条的要求。机械生产企业应采取必要的技术措施，在机械全寿命期内作业时，按照 HJ 1014—2020 附录 H 的要求，进行数据发送。根据 HJ 1014—2020 的要求，机动车排污监控中心组织建设了非道路移动机械远程排放服务与管理国家平台，用于接收、管理非道路柴油移动机械车载终端数据。本章介绍非道路移动机械远程排放服务与管理国家平台接入流程。

12.1　系统整体架构

非道路移动机械远程排放服务与管理系统由国家平台、企业平台、地方平台和车载终端 4 部分组成。国家平台负责接收车载终端注册备案信息，并与企业平台、地方平台按数据通信协议进行数据交换。企业平台由机械生产企业（以下简称企业）自行建设，负责接收车载终端数据，并与国家平台按数据通信协议进行数据交换。地方平台由各地生态环境主管部门自行建设，与国家平台进行相关数据交换。

车载终端初次激活时将直接连接到国家平台进行注册，备案防篡改基础信息。注册成功后，车载终端连接到企业平台进行数据发送。地方平台提出请求时，国家平台可根据定位信息，将相应数据转发给地方平台。非道路移动机械远程排放服务与管理系统架构见图 12-1。

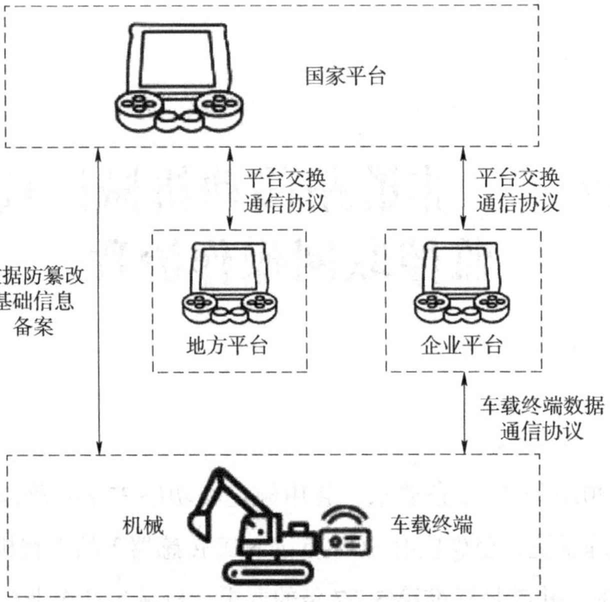

图 12-1　非道路移动机械远程排放服务与管理系统架构

12.2　企业平台接入流程

企业平台接入非道路移动机械远程排放服务与管理国家平台的流程包括国家平台跳转、平台账号申请、机械静态备案、平台联调检测、机械防篡改备案、实时数据上报、数据下发，接入流程如图 12-2 所示。

12.2.1　国家平台跳转

企业登录机动车和非道路移动机械环保信息公开系统（http：//gk.vecc.org.cn/login），登录本企业账号（图 12-3），并确认本企业完成过第四阶段非道路移动机械机型信息公开。在机动车环保信息公开系统“系统管理”—“企业资料”菜单下完成非道路平台资料填报后（图 12-4），使用有“非道路远程监控平台”权限的账号在“系统管理”菜单下点击“非道路远程监控平台”（图 12-5），跳转至非道路移动机械远程排放服务与管理国家平台（图 12-6）。未在机动车环保信息公开系统注册的企业，应先在机动车环保信息公开系统进行账号注册。第四阶段非道路移动机械环保信息公开流程可查看机动车环保信息公开系统操作手册。

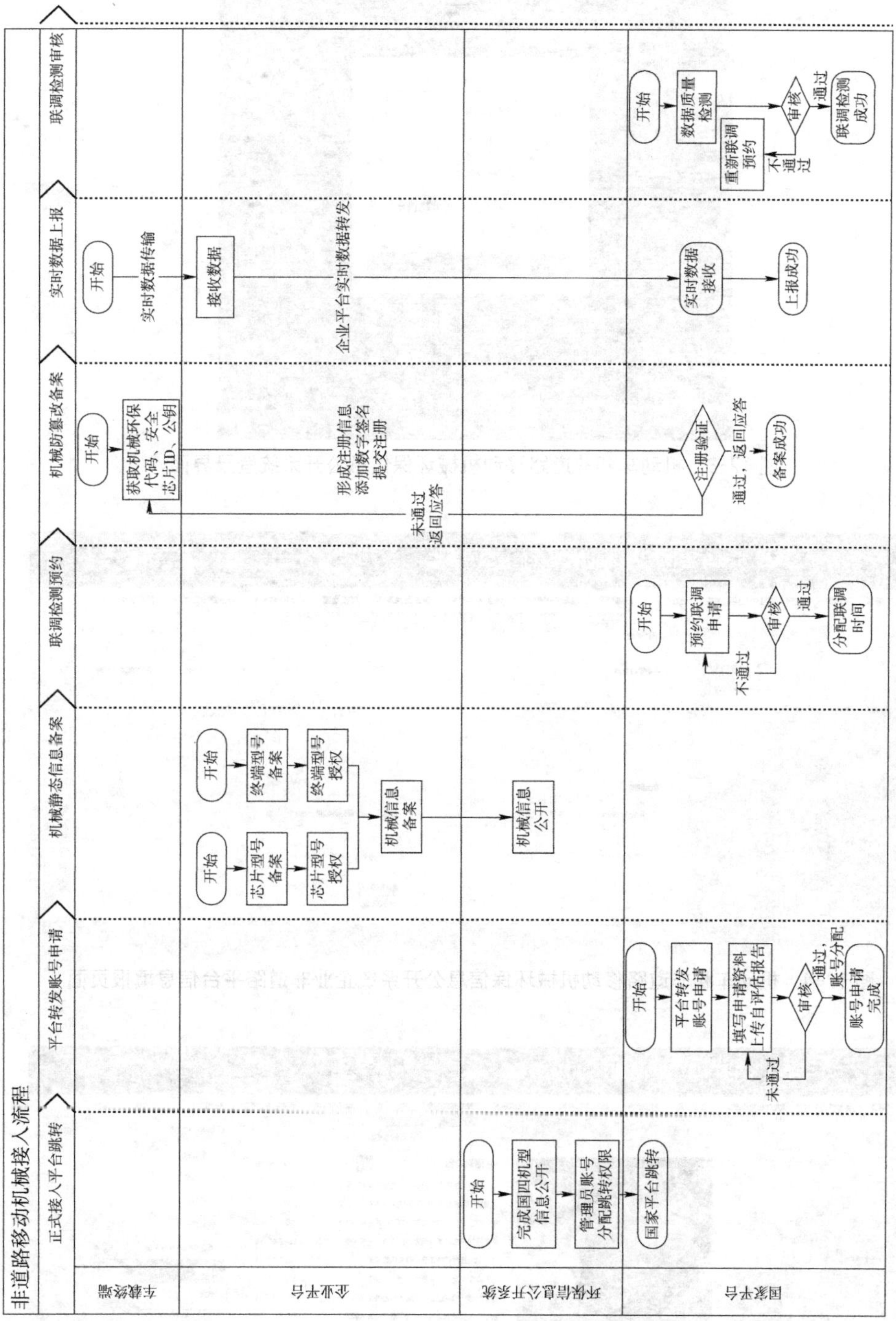

图 12-2　非道路移动机械接入流程

图 12-3　机动车和非道路移动机械环保信息公开系统登录界面

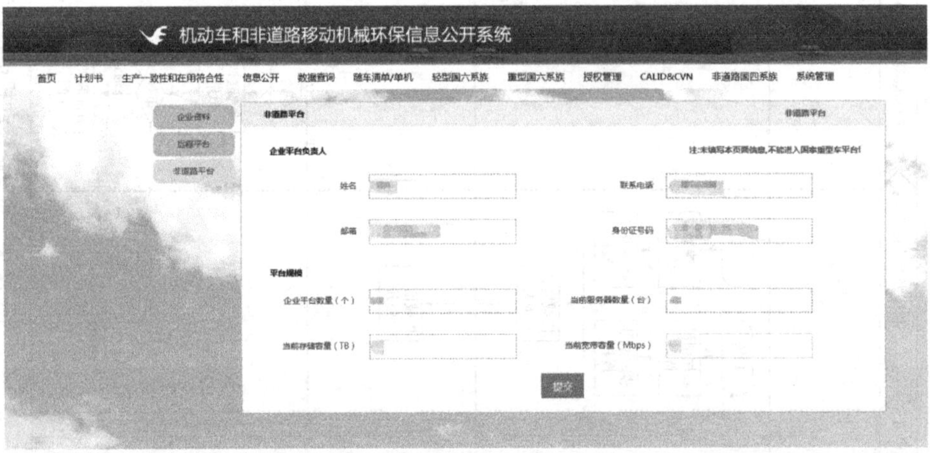

图 12-4　机动车和非道路移动机械环保信息公开系统企业非道路平台信息填报页面

图 12-5　国家平台跳转入口

图 12-6　国家平台跳转进入界面

12.2.2　企业平台转发账号申请

企业平台正式接入前，需在国家平台申请转发账号。企业应在国家平台左侧菜单栏“资料管理”中下载《企业平台自评估报告模板》（图 12-7）（模板见 12.2.9），完成自评估报告后在菜单“平台账号管理”—“转发账号申请（企业）”页面点击“转发账号申请”按钮（图 12-8），根据页面要求填写转发账号申请相关信息（图 12-9）。账号申请需填写的信息包括企业所属类别、负责人姓名、负责人邮箱、负责人联系方式、平台协议类型、平台账号类型、燃料类型、平台建设方式、托管单位全称、委托开始日期、委托结束日期、接入平台名称、平台承建单位、平台 IP、平台运营单位、平台加密方式、自评估报告。

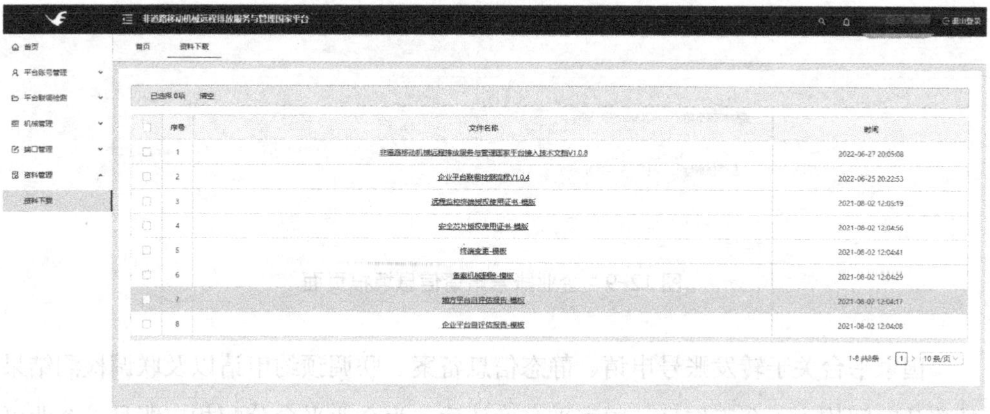

图 12-7　资料下载页面

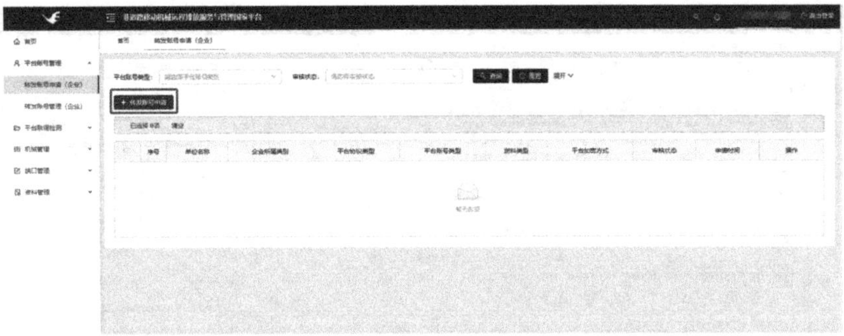

图 12-8　企业平台转发账号申请界面

图 12-9　企业账号申请信息填报页面

国家平台关于转发账号申请、静态信息备案、联调预约申请以及联调检测结果的确认时间均为 1 个工作日。国家平台确认后，为企业平台分配相应账号，企业可在“平台账号管理”—“转发账号管理（企业）”中查看用户名及密码（图 12-10）。如资料填写不完整，平台会在“确认状态”栏提示原因（图 12-11），企业可修改资料信息后重新提交账号申请。

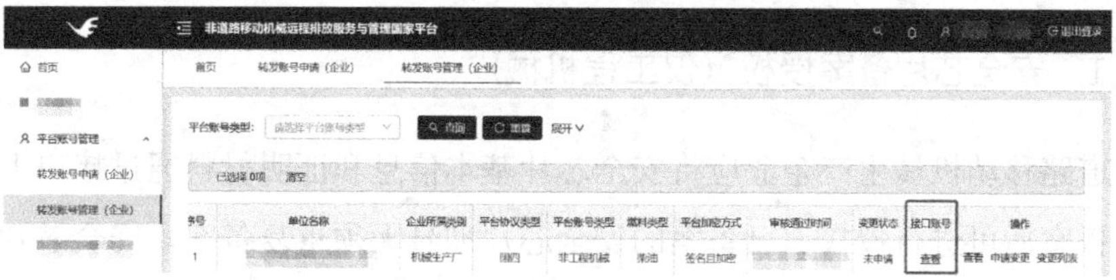

图 12-10　企业转发账号管理页面

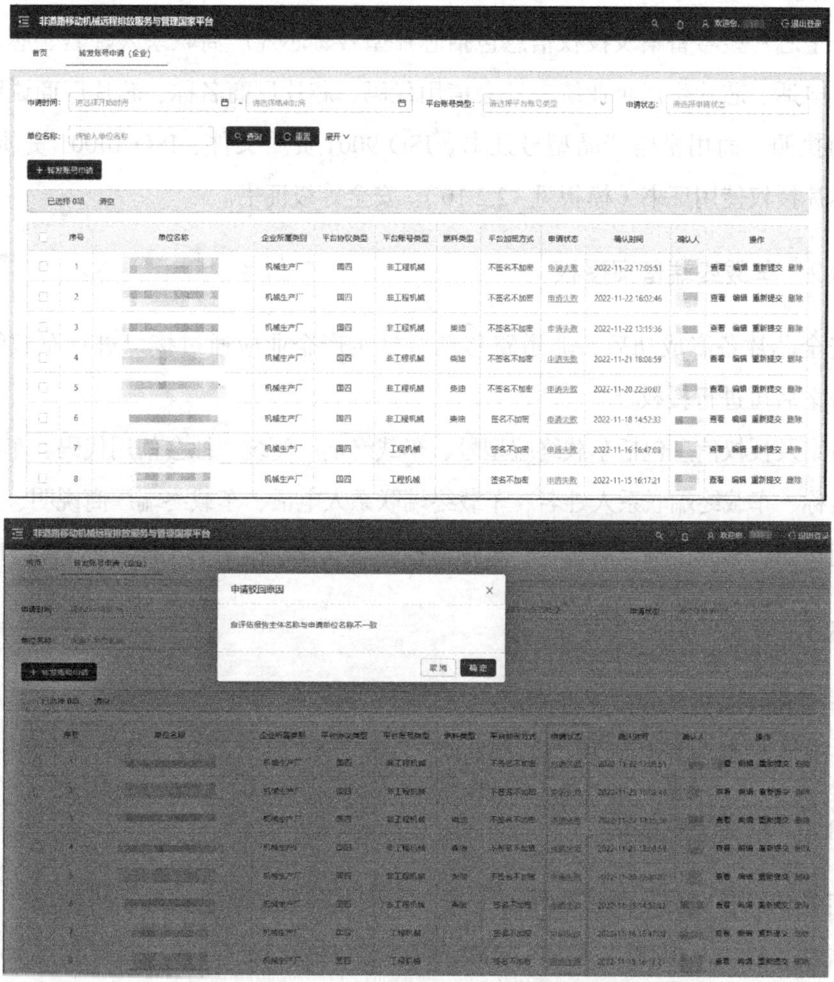

图 12-11　企业平台账号申请失败页

12.2.3　静态信息备案

机械静态信息备案包括机械安全芯片的备案授权、车载终端备案授权及已公开机械的信息备案。

12.2.3.1 安全芯片备案授权（仅工程机械）

非道路移动机械生产企业应将安全芯片基本信息和证明材料通过接口上传进行备案，备案后可进行授权。已备案的安全芯片型号无须重复备案。安全芯片型号授权后将返回企业4位标识符，企业需将此4位标识符置于该安全芯片型号的芯片ID前四位。

安全芯片型号备案及授权信息包括芯片型号、芯片厂商联系人姓名、芯片厂商联系人电话、芯片生产企业统一社会信用代码、芯片厂商名称、芯片厂商说明、芯片厂商执照、商用密码产品型号证书、ISO 9001资质文件、ISO 14001资质文件、安全芯片授权使用证书（模板见12.2.10）、安全等级证书。

12.2.3.2 车载终端备案授权

安全芯片备案成功后，非道路移动机械生产企业应通过接口进行车载终端备案，备案后可进行授权。

备案及授权信息包括车载终端型号、车载终端厂商统一社会信用代码、车载终端厂商名称、车载终端联系人姓名、车载终端联系人电话、车载终端厂商说明、车载终端厂商执照、车载终端检测报告、远程监控终端授权使用证书（模板见12.2.11）。

12.2.3.3 单机信息公开

非道路移动机械生产企业在对机械进行机械信息备案前，需要确保该机械已在机动车环保信息公开系统中完成单机信息公开工作。

12.2.3.4 机械信息备案

机械信息备案分为测试机械备案与正式机械备案，非道路移动机械生产企业将机械属性、机械环保代码及其对应的车载终端型号、安全芯片型号（仅工程机械）、安全芯片ID（仅工程机械）信息通过接口上传至国家平台进行备案。

12.2.4 联调检测预约

企业机械数据正式接入前，需与国家平台进行联调检测，联调检测前企业首先需要进行联调检测时间的预约，点击“平台联调检测”—“联调预约确认”进行预约（图12-12），如联调机械有部分数据项无法上传的情况（不包含不具备相应后处理装置导致的数据缺失情况），需要提供企业声明。国家平台确认后，企业在指定的时间内与国家平台进行数据联调，工程机械联调内容包括防篡改信息备案、实时数据上报以及实机数据验证；非工程机械联调内容包括实时数据上报以及实机数据验证。平台联调检测流程具体要求见 12.3。

图 12-12　平台联调检测预约界面

12.2.5　防篡改信息备案（仅工程机械）

车载终端应按规定向国家平台进行注册，具体流程如图 12-13 所示。

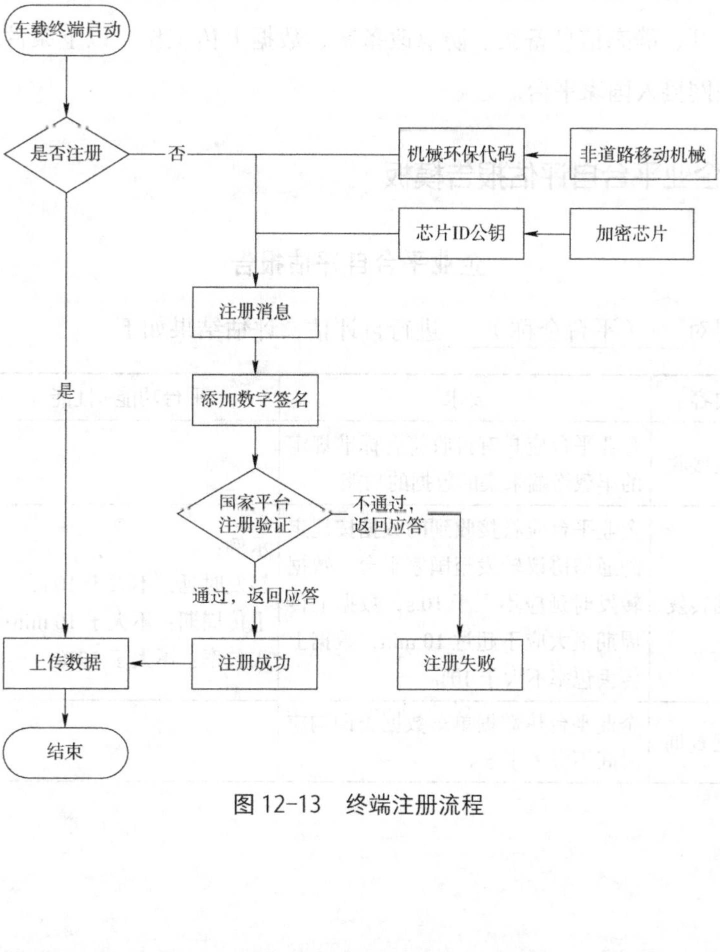

图 12-13　终端注册流程

注册信息包括安全芯片标识ID、储存在安全芯片中的公钥和机械环保代码。注册信息应通过安全芯片中存储的私钥添加数据签名后提交。车载终端应按规范规定的协议接收国家平台下发的注册结果。

12.2.6 数据上报

完成以上环节的机械正式运行时，终端实时数据将通过企业平台正式传输至国家平台。

12.2.7 联调检测

国家平台技术人员会在联调检测当日与企业进行技术对接，按照企业平台联调检测流程对机械数据质量进行检测，检测达标的企业后续可采用此款终端型号开展正式机械联网流程，检测未达标的企业需要重新与国家平台进行联调检测预约。

12.2.8 机械联网

机械安装的终端型号通过联调检测、转发账号类型与传输端口一致、机械完成单机信息公开、静态信息备案、防篡改备案、数据上传工作，以上条件均符合的机械方视作联网接入国家平台。

12.2.9 企业平台自评估报告模板

企业平台自评估报告

我公司对___（平台全称）___进行自评估，评估结果如下。

序号	内容	要求	平台功能 / 性能	评估结果
1	数据接收	企业平台应具有接收符合标准规定的车载终端采集的数据的功能		符合 / 不符合
2	数据转发	企业平台应将接收到的数据按规定的通信协议转发至国家平台，数据转发时延应不大于 10 s，数据上传周期最大应不超过 10 min，数据上传丢包率不大于 10%	示例： 转发时延：不大于 10 s； 上传周期：不大于 10 min； 丢包率：不大于 10%	符合 / 不符合
3	数据查询	企业平台热数据单车数据查询响应时间不应大于 5 s		符合 / 不符合

续表

序号	内容	要求	平台功能 / 性能	评估结果
4	安全管理	企业平台应具备防备恶意访问和攻击的认证功能，应具备细粒度权限管理		符合 / 不符合
5	高可用性	企业平台应具备高可用机制，能够防止机器失效带来的任务失效和数据丢失		符合 / 不符合

评估结论：＿（平台全称）＿符合上述要求，自评估合格。

单位名称：（盖章）

年　　月　　日

12.2.10　安全芯片授权使用证书模板

安全芯片授权使用证书

＿＿＿＿公司（芯片厂商），统一社会信用代码：＿＿＿＿

授权：＿＿＿＿公司（机械生产企业），统一社会信用代码：＿＿＿＿

获得使用＿＿＿＿型号安全芯片产品的权利。

授权期限：＿＿＿＿年＿＿月＿＿日至＿＿＿＿年＿＿月＿＿日

授权编号：＿＿＿＿＿＿＿＿

备注：本授权书以正本为有效版本，不得影印、涂改、转让，＿＿＿＿公司（芯片厂商）拥有此项授权书最终解释权。

授权单位：＿＿＿＿公司（芯片厂商）

日期：　　年　　月　　日

（授权单位公章）

（机械生产企业公章）

12.2.11 远程监控终端授权使用证书模板

远程监控终端授权使用证书

__________公司（终端厂商），统一社会信用代码：________

授权：________公司（机械生产企业），统一社会信用代码：________

获得使用________型号终端产品的权利。

授权期限：________年____月____日至________年____月____日

授权编号：________________

备注：本授权书以正本为有效版本，不得影印、涂改、转让，________公司（终端厂商）拥有此项授权书最终解释权。

授权单位：________公司（终端厂商）

日期：　　　年　　月　　日

（授权单位公章）

（机械生产企业公章）

12.3 企业平台联调检测流程

12.3.1 平台符合性检测

企业跳转至非道路移动机械国家平台后，在资料管理中下载平台自评估模板，并按照要求对平台进行自评估。

12.3.2 平台账号申请

企业在平台账号管理模块发起账号申请，同时提交企业自评估报告。

12.3.3 芯片授权备案（仅工程机械）

（1）企业通过 API 接口填写芯片基本信息进行芯片授权备案。

（2）芯片授权备案后，平台生成四位芯片型号标识符。4 位芯片标识符和非道路移动机械生产企业自定义的 12 位字符，共同组成芯片唯一 ID。

12.3.4　终端授权备案

企业通过 API 接口填写终端基本信息进行终端授权备案。

12.3.5　机械信息备案

企业通过 API 接口对机械进行静态信息备案。

12.3.6　平台联调检测预约

企业登录平台联调检测模块发起预约申请，国家平台工作人员对企业预约信息进行确认，如预约不成功，需根据原因修改相应的信息，并重新提交预约申请。

12.3.7　防篡改信息备案（仅工程机械）

备案成功的机械需进行防篡改信息备案，备案信息包括芯片 ID、安全芯片公钥和机械环保代码。

12.3.8　实时数据上报

工程机械根据规定的通信协议和数据格式上报 4 h 的实机实时数据（定位信息、数据流信息、排放诊断控制信息），在实时数据上报前后 2 h 内（即总计 8 h 内），至少应上传 1 次登录信息、1 次退出登录信息，排放诊断控制信息至少上传 1 个排放故障码，建议至少传输 1 次拆除报警信息，国家平台对该段时间数据进行数据质量的验证。

非工程机械根据规定的通信协议和数据格式上传 1 h 的实机实时数据（定位信息），相邻 10 min 的第一条定位信息距离应在 100 Mbit 以上。在实时数据上报前后 2 h 内（即总计 5 h 内），至少应上传 1 次登录信息、1 次退出登录信息，建议传输 1 次拆除报警信息，国家平台对该段时间数据进行数据质量的验证。

12.3.9　联调检测

联调检测流程全部完成后，企业可在联调检测管理功能中查询检测结果及联调检测未达标的原因。联调检测未达标的企业需要重新预约联调检测。

附录 A　发动机信息公开材料模板

编号	项目	填写内容
A1	**概述**	
A1.1	内部编号	由企业制定的内部编号
A1.2	发动机型号	表征发动机性能、规格的一组字母数字组合
A1.3	制造商名称	发动机制造商名称，从已备案信息中选择
A1.4	生产厂地址	发动机实际生产地址
A1.5	型号制造商名称标识内容	型号和制造商名称在发动机上的打刻内容
A1.6	或型号制造商名称标识内容图片	图片
A1.7	商标	指产品商标，从商标备案信息中选择
A1.8	排放系族名称	发动机排放系族名称
A1.9	发动机铭牌 / 标签固定位置	发动机铭牌 / 标签在发动机的具体位置
A1.10	发动机铭牌 / 标签固定方法	发动机铭牌 / 标签的固定方法
A1.11	发动机驱动的非道路移动机械说明	工程机械 / 农业机械 / 林业机械 / 渔业机械 / 矿山机械 / 其他，勾选（可多选）
A1.12	其他	A1.11 选择“其他”时填写
A1.13	后处理装置维修更换内容说明	后处理装置具体维修、更换零部件类型、型号、生产厂家等信息的说明
A1.14	排放源机	排放源机录入信息选择，是 / 否
A1.15	耐久分组编号	发动机所在耐久分组
A1.16	耐久源机	耐久源机录入信息选择，是 / 否
A1.17	耐久源机型号	发动机所在耐久分组的源机型号
A1.18	耐久源机附录编号	发动机所在耐久分组的源机附录编号
A1.19	NCD 系族名称	NCD 系族名称，由录入信息选择
A1.20	PCD 系族名称	PCD 系族名称，由录入信息选择
A1.21	NCD+PCD 系族名称	NCD+PCD 系族名称，由录入信息选择
A1.22	允许最短耐久试验时间 /h	GB 20891—2014 第 5.2.3 条表 1 规定的时间
A1.23	是否快速劣化	是 / 否
A1.24	快速劣化耐久试验时间 /h	填写小时数
A1.25	是否使用替代劣化系数	是 / 否
A1.26	工作方式	恒速 / 非恒速
A1.27	工作循环	二冲程 / 四冲程 / 其他

续表

编号	项目	填写内容
A1.28	发动机排量 /L	发动机总排量，仅填写数字
A1.29	单缸排量 /L	发动机单缸排量，仅填写数字
A1.30	气缸数目	发动机气缸数量，仅填写数字
A1.31	气缸排列方式	直列 /V 型 /H 型 /W 型等
A1.32	缸径 /mm	气缸的直径，仅填写数字
A1.33	缸心距 /mm	发动机两个气缸中心之间的距离，仅填写数字
A1.34	行程 /mm	活塞运动行程上止点和下止点的距离，仅填写数字
A1.35	缸体构造	缸体构造录入信息选择，干式缸套 / 湿式缸套 / 无缸套
A1.36	着火次序	发动机气缸的点火顺序。如 1-5-3-6-2-4
A1.37	单缸气门数	每个气缸含有的进气门和排气门的数量总和，仅填写数字
A1.38	容积压缩比	气缸内活塞最大行程容积与最小行程容积的比率
A1.39	气阀和气口的结构、尺寸	图片，提供气缸盖视图以及剖面图（对二冲程）
A1.40	气阀和气口的结构、尺寸描述	简要描述气阀的数量及气口的尺寸，要求提供气缸盖视图以及剖面图（对二冲程）
A1.41	进、排气口最小横截面积 /mm^2	进气：××mm^2；排气：××mm^2
A1.42	燃烧室型式	开式燃烧室 / 预燃式燃烧室 / 涡流式燃烧室 / 其他
A1.43	燃烧室型式其他	A1.42 选择“其他”时填写
A1.44	燃烧系统说明	直喷 / 涡流 / 预燃 / 其他
A1.45	燃烧系统说明其他	A1.44 选择“其他”时填写
A1.46	燃烧室示意图	图片
A1.47	活塞顶示意图	图片
A1.48	最大净扭矩或转速 /［kW 或（r/min）］	在发动机台架上，发动机全负荷状态下，按照标准要求的附件要求，测得的最大扭矩及转速。仅填写数字
A1.49	额定净功率或转速 /［kW 或（r/min）］	企业宣称的发动机在加载标准规定的附件及额定转速下的最大功率。仅填写数字

续表

编号	项目	填写内容
A1.50	最大净功率或转速 / [kW 或(r/min)]	在发动机台架上，发动机全负荷状态下，加载标准规定的附件，测得的最大功率。仅填写数字
A1.51	全负荷开始减油点的转速 /(r/min)	柴油机在满负荷状态下，供油量开始下降的转速点
A1.52	最高空转转速 /(r/min)	柴油机所能达到的最高稳定转速，仅填写数字
A1.53	怠速转速 /(r/min)	柴油机所能达到的最低稳定转速，仅填写数字
A1.54	最高允许转速 /(r/min)	柴油机企业宣称的柴油机所能正常工作的最高转速，仅填写数字
A1.55	NRTC 循环功 /(kW・h)	逐秒测得的功累加后除以总时间，仅填写数字
A1.56	最大基准扭矩 /(N・m)	发动机开发时设定的一个扭矩定值，仅填写数字
A2	**冷却系统**	
A2.1	冷却系统	液冷 / 空冷
A2.2	液冷	
A2.2.1	冷却液性质	水 / 冷却液 / 水与冷却液混合 / 其他
A2.2.1.1	其他	A2.2.1 选择“其他”时填写
A2.2.2	循环泵	
A2.2.2.1	循环泵特征	离心式
A2.2.2.2	循环泵型号	循环泵型号
A2.2.2.3	循环泵生产厂	循环泵生产厂
A2.2.2.4	驱动比	输入轴转速与水泵轴转速的比
A2.2.3	节温器	节温器录入信息选择
A2.2.4	冷却风扇	
A2.2.4.1	风扇型号	风扇型号
A2.2.4.2	风扇生产厂	风扇生产厂
A2.2.4.3	风扇传动系统传动比	输入轴转速与风扇轴转速的比
A2.3	风冷	
A2.3.1	风机	有 / 无
A2.3.2	风机特性	风机特性
A2.3.3	风机型号	风机型号
A2.3.4	风机生产厂	风机型号
A2.3.5	驱动比	风机驱动比

续表

编号	项目	填写内容
A3	**制造厂允许温度**	
A3.1	（液冷）冷却液出口处最高温度 /K	仅填写数字
A3.2	（风冷）基准点	风冷基准点
A3.3	（风冷）基准点最高温度 /K	仅填写数字
A3.4	进气中冷器（如适用）出口处空气的最高温度 /K	仅填写数字
A3.5	排气管靠近排气歧管或增压器的出口凸缘处内的最高排气温度 /K	仅填写数字
A3.6	燃料最低温度 /K	仅填写数字
A3.7	燃料最高温度 /K	仅填写数字
A3.8	润滑油最低温度 /K	仅填写数字
A3.9	润滑油最高温度 /K	仅填写数字
A4	**燃料供给**	
A4.1	燃料供给	
A4.1.1	输油泵压力 /kPa	从油箱抽取燃油的泵的压力，仅填写数字
A4.1.2	系统描述	输油泵工作原理
A4.1.3	工作原理	直喷 / 预燃 / 涡流 / 其他
A4.1.4	选其他时，请在此补充填写具体内容	A4.1.3 选择“其他”时填写
A4.1.5	额定转速下，在全负荷供油位置的供油量 /（mm^3/ 每冲程或每循环）	仅填写数字
A4.1.6	最大扭矩转速下，在全负荷供油位置的供油量 /（mm^3/ 每冲程或每循环）	仅填写数字
A4.1.7	喷射系统	
A4.1.7.1	燃料喷射系统型式	高压共轨 / 电控单体泵 / 电控分配泵 / 电控泵喷嘴 / 机械单体泵 / 机械分配泵 / 机械直列泵 / 其他
A4.1.7.2	选其他时，请在此补充填写是什么燃料喷射系统型式	A4.1.7.1 选择“其他”时填写
A4.1.7.3	供油特性和增压压力与发动机转速关系描述	文字描述三者关系
A4.1.8	高压油管	
A4.1.8.1	管长 /mm	仅填写数字

续表

编号	项目	填写内容
A4.1.8.2	内径 /mm	仅填写数字
A4.2	喷油泵	
A4.2.1	喷油泵型号	喷油泵型号
A4.2.2	喷油泵生产厂	喷油泵生产厂
A4.2.3	型号生产厂名称打刻内容	型号生产厂名称在喷油泵上的打刻内容
A4.2.4	或型号生产厂名称打刻内容图片	图片
A4.2.5	校准方法	泵台架上 / 发动机上
A4.2.6	泵端压力 /MPa	仅填写数字
A4.2.7	发动机转速 /（r/min）	每冲程或循环的单缸最大供油量对应的转速
A4.2.8	每冲程或循环的单缸最大供油量	该转速下的每冲程或循环的单缸最大供油量
A4.2.9	或特性曲线	若采用增压压力控制，则要说明供油特性和增压压力与发动机转速的关系
A4.2.10	喷油提前曲线	图片 / 文件
A4.2.11	静态喷油正时	静态喷油正时描述
A4.3	共轨管	
A4.3.1	共轨管型号	共轨管型号
A4.3.2	共轨管生产厂	共轨管生产企业名称
A4.3.3	工作轨压 /MPa	仅填写数字
A4.3.4	型号生产厂名称打刻内容	型号和生产厂名称在共轨管上打刻的内容
A4.3.5	或型号生产厂名称打刻内容图片	图片
A4.4	喷油器	
A4.4.1	喷油器型号	喷油器型号
A4.4.2	喷油器生产厂	喷油器生产企业名称
A4.4.3	型号生产厂名称打刻内容	型号和生产厂名称在喷油器管上打刻的内容
A4.4.4	或型号生产厂名称打刻内容图片	图片
A4.4.5	开启压力 /kPa	仅填写数字
A4.4.6	或特性曲线	图片
A4.5	冷启动装置	
A4.5.1	冷启动装置型号	冷启动装置型号
A4.5.2	冷启动装置生产厂	冷启动装置生产企业名称
A4.5.3	说明	简要介绍该装置
A4.6	辅助启动装置	

续表

编号	项目	填写内容
A4.6.1	辅助启动装置型号	辅助启动装置型号
A4.6.2	辅助启动装置生产厂	辅助启动装置生产企业名称
A4.6.3	辅助启动装置说明	简要介绍该装置
A4.7	调速器	
A4.7.1	调速器型号	调速器型号
A4.7.2	调速器生产厂	调速器生产企业名称
A5	**发动机电子控制单元（ECU）**	
A5.1	ECU 型号	发动机 ECU 型号
A5.2	ECU 生产厂	发动机 ECU 生产企业名称
A5.3	型号生产厂名称打刻内容	型号和生产厂名称在发动机 ECU 上打刻的内容
A5.4	软件标定号	软件标定号
A5.5	可调性	可调性描述
A5.6	或型号生产厂名称打刻内容图片	图片
A6	**ECU 文件包**	
A6.1	ECU 文件包	根据 HJ 1014—2020 第 5.1.3 条的要求，描述 ECU 控制策略，上传 ECU 文件压缩包
A7	NCD+PCD	
A7.1	NCD	
A7.1.1	NCD 型号	NCD 型号
A7.1.2	NCD 生产厂	NCD 生产企业名称
A7.1.3	型号生产厂名称打刻内容	型号生产厂名称在 NCD 上的打刻内容
A7.1.4	NCD 版本号	NCD 版本号
A7.1.5	或打刻内容图片	图片
A7.1.6	NCD 系族名称	NCD+PCD 系族名称录入信息选择
A7.2	PCD	
A7.2.1	PCD 型号	PCD 型号
A7.2.2	PCD 生产厂	PCD 生产企业名称
A7.2.3	型号生产厂名称打刻内容	型号生产厂名称在 PCD 上的打刻内容
A7.2.4	PCD 版本号	PCD 版本号
A7.2.5	或打刻内容图片	图片
A7.2.6	PCD 系族名称	PCD 系族名称录入信息选择
A7.3	NCD+PCD	

续表

编号	项目	填写内容
A7.3.1	NCD+PCD 型号	NCD+PCD 型号
A7.3.2	NCD+PCD 生产厂	NCD+PCD 生产企业名称
A7.3.3	型号生产厂名称打刻内容	型号生产厂名称在 NCD+PCD 上打刻的内容
A7.3.4	NCD+PCD 版本号	填写 NCD+PCD 版本号
A7.3.5	或打刻内容图片	图片
A7.3.6	NCD+PCD 系族名称	NCD+PCD 系族名称录入信息选择
A7.4	初级限制系统启动的描述	
A7.4.1	初级限制系统启动的描述	描述初级限制系统启动的条件、过程及结果
A7.5	严重限制系统启动的描述	
A7.5.1	严重限制系统启动的描述	描述严重限制系统启动的条件、过程及结果
A8	**气门正时**	
A8.1	气门最大升程	进气门及排气门的最大升程
A8.2	气门以上止点为基准的开闭角度	按照描述填写
A8.3	气门以下止点为基准的开闭角度	按照描述填写
A8.4	替代分布系统的定时信息	按照描述填写
A8.5	基准点	按照描述填写（例如，上下止点）
A8.6	和 / 或设定值范围	按照描述填写［例如，进气门间隙：0.5（冷态），排气门间隙：0.5（冷态）］
A8.7	或可变正时系统的最大正时	按照描述填写
A8.8	可变正时系统的最小正时	按照描述填写
A9	**进气系统**	
A9.1	进气系统	
A9.1.1	在《汽车用发动机净功率测试方法》（GB/T 17692—1999）所规定的运转条件下，并在发动机额定转速和100% 负荷下，允许的进气压力	最小 ××/ 最大 ××kPa
A9.1.2	进气方式	自然吸气 / 增压 / 增压中冷
A9.1.3	进气管和其他附件的描述和图纸（增压室、加热装置、附件进气口等）	简述新鲜空气经过进气管各个部件进入发动机的过程
A9.1.4	图纸 / 照片	图片
A9.1.5	进气歧管的描述	简述进气歧管的结构及安装位置等信息
A9.1.6	图纸 / 照片	图片

续表

编号	项目	填写内容
A9.2	进气节流阀	
A9.2.1	进气节流阀型号	进气节流阀型号
A9.2.2	进气节流阀生产厂	进气节流阀生产企业名称
A9.3	增压器	
A9.3.1	增压器有 / 无	有 / 无，录入信息选择
A9.3.2	增压器型号	增压器型号
A9.3.3	增压器生产厂	增压器生产企业名称
A9.3.4	增压器类型	单级增压器 / 双级增压器 /VGT/ 其他，录入信息选择
A9.3.5	型号生产厂名称打刻内容	型号和生产厂名称在增压器上打刻的内容
A9.3.6	增压器类型其他	A9.3.5 选择“其他”时填写
A9.3.7	或型号生产厂名称打刻内容图片	图片
A9.3.8	增压器的系统特性描述［如最高进气压力、放气阀（如有）］	简述增压器如何控制增压
A9.4	中冷器型式	
A9.4.1	中冷器有 / 无	有 / 无
A9.4.2	中冷器型式	空空 / 水空，录入信息选择
A10	**排气系统**	
A10.1	排气系统	
A10.1.1	排气系统容积 /L	发动机排气歧管或增压器出口凸缘处法兰至排气系统通大气出口处的管路容积，仅填写数字
A10.1.2	在 GB/T 17692—1999 所规定的运转条件下，并在发动机额定转速和 100% 负荷下，允许的最大排气背压 /kPa	按照描述填写，仅填写数字
A10.1.3	排气管长度	发动机排气歧管或增压器出口凸缘处法兰至排气系统通大气出口处的管路
A10.1.4	排气歧管的描述	简述排气歧管的结构
A10.1.5	或排气歧管的图纸	图片
A10.1.6	排气系统的描述	简述排气系统的结构
A10.1.7	或排气系统的图纸	图片
A10.1.8	排气系统要素的描述	简述排气系统主要部件

续表

编号	项目	填写内容
A10.1.9	或排气系统要素的图纸	图片
A10.2	排气背压阀	
A10.2.1	排气背压阀型号	排气背压阀型号
A10.2.2	排气背压阀生产厂	排气背压阀生产企业名称
A11	**润滑系统**	
A11.1	润滑剂	
A11.1.1	润滑剂型号	润滑剂型号
A11.1.2	润滑剂生产厂	润滑剂生产企业名称
A11.1.3	润滑剂油箱位置	简述润滑剂油箱位置（例如，发动机底部）
A11.1.4	润滑油供给系统	泵 / 喷入进气 / 与燃油混合
A11.1.5	与燃料混合百分比	A11.1.4 选择“与燃油混合”时填写
A11.2	润滑油泵	
A11.2.1	润滑油泵型号	润滑油泵型号
A11.2.2	润滑油泵生产厂	润滑油泵生产企业名称
A11.3	机油冷却器	
A11.3.1	机油冷却器	有 / 无
A11.3.2	机油冷却器型号	机油冷却器型号
A11.3.3	机油冷却器生产厂	机油冷却器生产企业名称
A12	**试验条件的附加说明**	
A12.1	试验条件的附加说明及柴油机试验信息	
A12.1.1	型式检验机构 - 耐久性试验机构	根据实际情况选择拟进行耐久试验的检验机构
A12.1.2	是否耐久性试验基准	是 / 否，根据是否耐久源机选择
A12.1.3	耐久试验开始时间	yy/mm/dd
A12.1.4	耐久试验结束时间	yy/mm/dd
A12.1.5	按照 HJ 1014—2020 附录 E 要求不应安装的辅件，在测试时如果不能拆除。如果这些辅件的吸收功率总和大于最大净功率的 3%，生产企业应提供书面说明	根据描述内容上传 PDF 扫描件
A12.2	排放试验的发动机转速 /（r/min）	
A12.2.1	怠速	怠速转速，仅填写数字
A12.2.2	中间转速	中间转速，仅填写数字

续表

编号	项目	填写内容
A12.2.3	基准转速（用于 NRTC 循环）	基准转速，仅填写数字
A12.2.4	额定转速	额定转速，仅填写数字
A12.3	特定转速下的吸收功率 /Pa	
A12.3.1	附件名称	附件名称（GB 20891—2014 附件 AA.5.1 柴油机运转所需附件 / 设备）
A12.3.2	怠速吸收功率	仅填写数字
A12.3.3	额定转速吸收功率	仅填写数字
A12.3.4	中间转速吸收功率	仅填写数字
A12.3.5	基准转速（用于 NRTC 循环）吸收功率	仅填写数字
A12.4	特定转速下的吸收功率 /Pb	
A12.4.1	附件名称	附件名称（GB 20891—2014 附件 AA.5.2 柴油机运转不需附件 / 设备）
A12.4.2	怠速吸收功率	仅填写数字
A12.4.3	中间转速（如适用）吸收功率	仅填写数字
A12.4.4	基准转速（用于 NRTC 循环）吸收功率	仅填写数字
A12.4.5	额定转速吸收功率	仅填写数字
A13	**企业需提交资料清单及要求**	
A13.1	发动机机型或系族符合非标准循环排放的控制要求声明	企业应提供带公章的非标准循环排放合规的声明
A13.2	排放控制策略信息文件	文件应说明各排放控制策略的基本原理
A13.3	排放质保零部件清单	文件应详细说明各排放质保零部件名称和对应质保期
A13.4	机械或发动机开始运转后达到稳定所需的时间 /h	仅填写数字
A13.5	耐久性运行试验方法	提供耐久试验的试验规范
A13.6	生产企业按照 A.3.2 的要求准备文件包，型式检验机构评估排放控制策略和车载系统，以确保 NO_x 的控制措施的正确性	文件应包括机械任何影响排放的技术要点、柴油机排放控制策略、防篡改的措施、柴油机系统直接或间接控制与排放有关变量的方法
A14	**曲轴箱**	
A14.1	曲轴箱有 / 无	有 / 无
A14.2	曲轴箱气体再循环装置型式	开式 / 闭式

续表

编号	项目	填写内容
A14.3	生产厂	曲轴箱生产企业名称
A14.4	型号生产厂名称打刻内容	型号生产厂名称在曲轴箱上打刻的内容
A14.5	或型号生产厂名称打刻内容图片	或上传图片
A14.6	装置描述	简述装置的结构或者作用
A14.7	装置图纸	图片
A15	**EGR**	
A15.1	EGR 型号	EGR 型号
A15.2	EGR 生产厂	EGR 生产企业名称
A15.3	型号生产厂名称打刻内容	型号和生产厂名称在 EGR 上打刻的内容
A15.4	或打刻内容图片	或上传图片
A15.5	特征曲线示意图	图片
A15.6	EGR 控制方式	机械 / 电控
A15.7	EGR 率（描述）	简单描述 EGR 率控制方法及 EGR 率的范围 /%
A15.8	EGR 流量	简单描述 EGR 起作用时，EGR 流量的变化范围（质量 / 时间）
A15.9	冷却系统有 / 无	有 / 无
A15.10	冷却方式	液冷 / 空冷
A15.11	EGR 系统在低温环境下控制策略以及系统在低温环境下运行对排放影响的说明	企业应提供文本说明材料，解释低温下运行策略
A16	**排气后处理系统**	
A16.1	排气后处理系统	有 / 无
A16.2	排气后处理系统型式	
A16.2.1	DOC/ 个	仅填写整数，适用时填写
A16.2.2	SCR/ 个	仅填写整数，适用时填写
A16.2.3	ASC/ 个	仅填写整数，适用时填写
A16.2.4	LNT/ 个	仅填写整数，适用时填写
A16.2.5	DPF/ 个	仅填写整数，适用时填写
A16.2.6	其他系统 / 个	仅填写整数，适用时填写
A16.2.7	系统图纸或照片	图片
A16.2.8	系统工作方式描述	应简单说明各单元工作原理及尾气处理情况
A16.2.9	系统结构描述	描述后处理系统的结构组成

续表

编号	项目	填写内容
A17	**催化转化器**	
A17.1	催化转化器	
A17.1.1	种类	DOC/SCR/ASC/LNT/ 其他
A17.1.2	型号	催化转化器型号
A17.1.3	生产厂	催化转化器生产企业名称
A17.1.4	型号生产厂名称打刻内容	型号生产厂名称在该催化转化器上打刻的内容
A17.1.5	或打刻内容图片	或上传图片
A17.1.6	作用型式	氧化型 / 还原型（选择性催化还原）
A17.1.7	是否为钒基	是 / 否
A17.1.8	催化单元数目	仅填写数字
A17.1.9	尺寸 /mm	直径 $\Phi\times$ 高或长 × 宽 × 高
A17.1.10	热管理措施	有 / 无
A17.1.11	热管理措施描述	简述热管理的措施
A17.1.12	装车数目	该单元在车辆或者机械上的数量
A17.1.13	容积 /cm^3	仅填写数字
A17.1.14	形状	外形图片或者文字描述
A17.1.15	封装企业名称	封装企业名称
A17.1.16	封装生产厂名称打刻内容	封装企业名称在该催化转化器上打刻的内容
A17.1.17	或型号生产厂名称打刻图片	图片
A17.1.18	位置（在排气系统中的位置和基准距离）/mm	描述催化转化器在排气系统中的位置及与某个部位的距离
A17.1.19	安装方式描述	安装方式描述录入信息选择
A17.1.20	隔热板	有 / 无
A17.1.21	壳体形式	半壳式 / 捆绑式 / 塞入式等
A17.1.22	壳体形式其他	仅壳体形式选择“其他”时填写
A17.1.23	正常工作温度范围 /K	仅填写数字
A17.1.24	正常工作压力范围 /kPa	仅填写数字
A17.1.25	再生方法描述	周期再生 / 连续再生
A17.1.26	额定转速下的排气流量与过滤体的有效容积之比（即空速）	××
A17.1.27	贵金属涂层位置	表面 / 上段 / 下段

续表

编号	项目	填写内容
A17.1.28	贵金属涂层作用	氧化 / 还原 / 催化
A17.1.29	贵金属相关内容	
A17.1.29.1	单元类别	单元一 / 单元二 / 单元三 / 单元四 / 单元五 / 单元六，依次填写每个单元内容
A17.1.29.2	贵金属含量 Pt/g	仅填写数字
A17.1.29.3	贵金属含量 Pd/g	仅填写数字
A17.1.29.4	贵金属含量 Rh/g	仅填写数字
A17.1.29.5	载体生产厂	载体生产企业名称
A17.1.29.6	载体生产厂打刻内容图片	图片
A17.1.29.7	载体企业名称打刻内容	载体企业名称在该催化转化器上打刻的内容
A17.1.29.8	载体尺寸 /mm	直径 $\Phi\times$ 高或长 × 宽 × 高
A17.1.29.9	载体体积 /cm^3	仅填写数字
A17.1.29.10	载体材料	制作载体的材料（堇青石 / 陶瓷等）
A17.1.29.11	载体结构	载体结构（蜂窝状等）
A17.1.29.12	涂覆后质量 /kg	仅填写数字
A17.1.29.13	孔密度 / 目	仅填写数字
A17.1.29.14	涂层生产厂	涂层生产企业名称
A17.1.29.15	涂层生产厂打刻内容	涂层生产企业名称在该催化转化器上打刻的内容
A17.1.29.16	涂层生产厂打刻内容图片	上传图片
A17.1.29.17	涂层材料	涂层的制作材料
A17.1.29.18	相对浓度（铂：铑：钯）	贵金属种类和比值，若每个单元不同，应分别描述。如 ××：××：××
A17.1.29.19	贵金属总含量 /g	仅填写数字
A17.1.29.20	贵金属含量 /（g/L）	仅填写数字
A17.1.29.21	载体形状	图片
A17.2	催化转化器安装	
A17.2.1	催化转化器安装位置	文字描述或展示位置的图片
A17.2.1.1	位置一	选择位置信息，前 / 后 / 左 / 右 / 上 / 下
A17.2.1.2	选择型号一	选择对应位置的催化转化器型号
A17.2.1.3	位置二	选择位置信息，前 / 后 / 左 / 右 / 上 / 下
A17.2.1.4	选择型号二	选择对应位置的催化转化器型号
A17.2.1.5	位置三	选择位置信息，前 / 后 / 左 / 右 / 上 / 下

续表

编号	项目	填写内容
A17.2.1.6	选择型号三	选择对应位置的催化转化器型号
A17.2.1.7	位置四	选择位置信息，前 / 后 / 左 / 右 / 上 / 下
A17.2.1.8	选择型号四	选择对应位置的催化转化器型号
A17.2.1.9	位置五	选择位置信息，前 / 后 / 左 / 右 / 上 / 下
A17.2.1.10	选择型号五	选择对应位置的催化转化器型号
A17.2.1.11	位置六	选择位置信息，前 / 后 / 左 / 右 / 上 / 下
A17.2.1.12	选择型号六	选择对应位置的催化转化器型号
A17.2.1.13	催化转化器安装位置示意图	上传图片
A17.3	其他资料	
A17.3.1	SCR 在低温环境下控制策略以及系统在低温环境下运行对排放影响的说明	应说明 SCR 在低温环境下的控制策略
A17.3.2	钒基催化器证明材料	钒基 SCR 应提交证明任何时候排气温度都不超过 550℃的证明材料
A18	**反应剂**	
A18.1	名称	反应剂名称
A18.2	生产厂	反应剂生产企业
A18.3	类型	反应剂类型，如尿素水溶液 / 固态反应剂 / 其他
A18.4	浓度	浓度百分比，如 ××%
A18.5	正常工作温度范围 /K	仅填写数字
A18.6	执行标准	使用反应剂的执行标准
A18.7	反应剂起喷温度 /K	适用于 SCR 反应剂正常工作的激活温度，仅填写数字
A18.8	反应剂喷射位置	描述反应剂在后处理的具体喷射位置
A18.9	补充频率	连续 / 维修保养
A18.10	存储罐允许的最大压力 /kPa	适用固态反应剂，仅填写数字
A18.11	存储罐允许的最高温度 /℃	适用固态反应剂，仅填写数字
A18.12	加热方式	适用固态反应剂，电加热 / 水加热
A18.13	启动后常温下的建压时间 /min	适用固态反应剂，仅填写数字
A18.14	反应剂起喷压力 /kPa	适用固态反应剂，仅填写数字
A19	**反应剂喷射系统**	
A19.1	反应剂喷射系统	

续表

编号	项目	填写内容
A19.1.1	反应剂喷射系统型号	反应剂喷射系统型号
A19.1.2	反应剂喷射系统生产厂	反应剂喷射系统生产企业名称
A19.2	反应剂喷射泵	
A19.2.1	反应剂喷射泵型号	反应剂喷射泵型号
A19.2.2	反应剂喷射泵生产厂	反应剂喷射泵生产企业名称
A19.3	反应剂喷射控制单元（DCU）	
A19.3.1	型号	DCU 型号
A19.3.2	生产厂	DCU 生产企业名称
A19.3.3	型号、生产厂名称标识内容	DCU 型号生产企业名称在 DCU 上的标识内容
A19.3.4	或型号、生产厂名称标识内容示意图	上传图片
A19.3.5	软件标定号	DCU 软件标定号
A19.3.6	文件包	按要求上传文件，文件应为 rar 和 zip 格式
A20	**传感器**	
A20.1	反应剂传感器	
A20.1.1	型号	反应剂传感器型号
A20.1.2	生产厂	反应剂传感器生产厂
A20.1.3	类型	反应剂传感器类型
A20.1.4	数量	该传感器在车辆或者机械上的数量
A20.1.5	安装位置	传感器的安装位置
A20.1.6	描述	描述传感器作用
A20.2	反应剂液位传感器	
A20.2.1	型号	反应剂液位传感器型号
A20.2.2	生产厂	反应剂液位传感器生产厂
A20.2.3	类型	反应剂液位传感器类型（干簧管式、电阻式等）
A20.2.4	数量	该传感器在车辆或者机械上的数量
A20.2.5	安装位置	传感器的安装位置
A20.2.6	描述	描述传感器作用
A20.3	反应剂质量传感器	
A20.3.1	型号	反应剂液位传感器型号
A20.3.2	生产厂	反应剂液位传感器生产厂

续表

编号	项目	填写内容
A20.3.3	类型	反应剂液位传感器类型（超声波、智能型等）
A20.3.4	数量	该传感器在车辆或者机械上的数量
A20.3.5	安装位置	传感器的安装位置
A20.3.6	描述	描述传感器作用
A20.4	NO_x 传感器	
A20.4.1	型号	NO_x 传感器型号
A20.4.2	生产厂	NO_x 传感器生产厂
A20.4.3	类型	NO_x 传感器类型
A20.4.4	数量	填写该传感器在车辆或者机械上的数量
A20.4.5	描述	描述传感器作用
A20.5	NO_x 传感器安装	
A20.5.1	位置一	位置一录入信息选择
A20.5.2	型号一	型号一录入信息选择
A20.5.3	位置二	位置二录入信息选择
A20.5.4	型号二	型号二录入信息选择
A20.5.5	位置三	位置三录入信息选择
A20.5.6	型号三	型号三录入信息选择
A20.5.7	位置四	位置四录入信息选择
A20.5.8	型号四	型号四录入信息选择
A20.5.9	位置五	位置五录入信息选择
A20.5.10	型号五	型号五录入信息选择
A20.5.11	位置六	位置六录入信息选择
A20.5.12	型号六	型号六录入信息选择
A20.6	NH_3 传感器	
A20.6.1	型号	NH_3 传感器型号
A20.6.2	生产厂	NH_3 传感器生产厂
A20.6.3	类型	NH_3 传感器类型
A20.6.4	数量	该传感器在车辆或者机械上的数量
A20.6.5	安装位置	传感器的安装位置
A20.6.6	描述	描述传感器作用
A20.7	氧传感器	

续表

编号	项目	填写内容
A20.7.1	型号	氧传感器型号
A20.7.2	生产厂	氧传感器生产厂
A20.7.3	数量	该传感器在车辆或者机械上的数量
A20.7.4	描述	描述传感器作用
A20.7.5	安装位置	传感器的安装位置
A20.7.6	控制范围	氧传感器测量出的电压差
A20.7.7	型号、生产厂名称标识内容	型号、生产厂名称在氧传感器上的标识内容
A20.7.8	或型号、生产厂名称标识内容示意图	图片
A20.8	排温传感器	
A20.8.1	型号	排温传感器型号
A20.8.2	生产厂	排温传感器生产厂
A20.8.3	数量	该传感器在车辆或者机械上的数量
A20.8.4	描述	描述传感器作用
A20.8.5	安装位置	传感器的安装位置
A20.9	压力传感器	
A20.9.1	型号	压力传感器型号
A20.9.2	生产厂	压力传感器生产厂
A20.9.3	数量	该传感器在车辆或者机械上的数量
A20.9.4	描述	描述传感器作用
A20.9.5	安装位置	传感器的安装位置
A20.10	压差传感器	
A20.10.1	型号	压差传感器型号
A20.10.2	生产厂	压差传感器生产厂
A20.10.3	数量	该传感器在车辆或者机械上的数量
A20.10.4	描述	描述传感器作用
A20.10.5	安装位置	传感器的安装位置
A20.11	颗粒物传感器	
A20.11.1	型号	颗粒物传感器型号
A20.11.2	生产厂	颗粒物传感器生产厂
A20.11.3	数量	该传感器在车辆或者机械上的数量
A20.11.4	安装位置	传感器的安装位置
A20.11.5	描述	描述传感器作用

续表

编号	项目	填写内容
A21	**空气喷射装置**	
A21.1	空气喷射装置型号	空气喷射装置型号
A21.2	空气喷射装置生产厂	空气喷射装置生产厂
A21.3	空气喷射装置类型	空气喷射装置类型，脉冲空气、空气泵等
A22	**颗粒物控制装置**	
A22.1	种类	DPF/ 其他
A22.2	型号	颗粒物控制装置型号
A22.3	生产厂	颗粒物控制装置生产企业名称
A22.4	型号生产厂名称打刻内容	颗粒物控制装置生产企业名称在颗粒物控制装置上打刻的内容
A22.5	或型号生产厂名称打刻内容图片	上传图片
A22.6	系统型式	颗粒物控制装置系统形式，壁流式、直通式等
A22.7	过滤效率 /%	颗粒物控制装置过滤效率，≥××%/>××%
A22.8	额定转速下的排气流量与过滤体的有效容积之比	填写比值
A22.9	尺寸 /mm	直径 Φ× 高或长 × 宽 × 高
A22.10	形状	上传图片
A22.11	过滤体容积 /cm^3	仅填写数字
A22.12	颗粒物控制装置装车数目	该颗粒物控制装置在车辆或者机械上的数量，仅填写数字
A22.13	单元数目	控制装置拥有的单元数量，仅填写数字
A22.14	安装位置 /mm	在排气系统中的位置和基准距离，仅填写数字
A22.15	安装方式描述	独立安装、并联安装、串联安装等
A22.16	隔热板	有 / 无
A22.17	颗粒物控制装置设计	系统组成简单描述
A22.18	热管理措施	有 / 无
A22.19	热管理措施描述	描述热管理措施
A22.20	壳体型式	半壳式 / 捆绑式 / 塞入式等
A22.21	封装企业名称	封装企业名称
A22.22	封装企业名称打刻内容	封装企业名称在颗粒物控制装置上打刻的内容
A22.23	封装企业名称打刻内容图片	上传图片
A22.24	再生系统图纸	图片
A22.25	再生系统描述	描述再生系统结构

续表

编号	项目	填写内容
A22.26	再生方式	再生方式录入信息选择
A22.27	再生方法描述	描述再生原理
A22.28	正常工作温度范围 /K	××～××K/≤××K
A22.29	正常工作压力范围 /kPa	××～××kPa/≤××kPa
A22.30	最大载荷能力 /（g/L）	仅填写数字
A22.31	再生发生时的条件（颗粒物载荷、温度、排气背压等）	按照描述填写，颗粒物载荷、温度、排气背压等
A22.32	两端压差值（PCD 设定报警值）：最小值 /kPa	按照描述填写，仅填写数字
A22.33	两端压差值（PCD 设定报警值）：最大值 /kPa	按照描述填写，仅填写数字
A22.34	周期再生相邻两次再生之间的 NRTC/NRSC 试验循环次数（n）/ 次	按照描述填写，仅填写数字
A22.35	周期再生发生再生期间的 NRTC/NRSC 试验循环次数（n_R）/ 次	按照描述填写，仅填写数字
A22.36	确定两个再生阶段之间循环数目所采用方法的说明	描述采用的方法
A22.37	主动再生触发条件说明	按照实际填写
A22.38	再生周期	仅适用周期再生，××h/×× 个 NRTC
A22.39	再生频率	仅适用周期再生，××
A22.40	安全模式	有 / 无
A22.41	安全模式详细描述	介绍安全模式工作的条件
A22.42	安全模式再生方式	驻车再生 / 主动再生等
A22.43	贵金属涂层位置	上段 / 下段 / 全部
A22.44	贵金属涂层作用	氧化 / 还原 / 催化
A22.45	颗粒物控制装置单元	
A22.45.1	单元类别	单项类别录入信息选择
A22.45.2	载体生产厂	填写载体生产厂
A22.45.3	载体企业名称打刻内容	生产厂名称在载体上的打刻内容
A22.45.4	载体尺寸	载体尺寸，Φ××××mm
A22.45.5	载体体积 /cm³	载体体积，仅填写数字
A22.45.6	载体材料	根据实际情况进行填写（如陶瓷、堇青石等）
A22.45.7	载体结构	根据实际情况进行填写（如蜂窝式等）

续表

编号	项目	填写内容
A22.45.8	涂覆后质量 /kg	仅填写数字
A22.45.9	孔密度 / 目	仅填写数字
A22.45.10	涂层生产厂	涂层生产厂
A22.45.11	涂层材料	涂层材料
A22.45.12	涂层生产厂打刻内容	涂层生产厂名称在载体上的打刻内容
A22.45.13	相对浓度（铂：铑：钯）	铂、铑、钯相对浓度比值
A22.45.14	贵金属总含量 /g	贵金属含量，仅填写数字
A22.45.15	贵金属含量 /（g/L）	贵金属浓度，仅填写数字
A22.45.16	贵金属含量 Pt/g	铂含量，仅填写数字
A22.45.17	贵金属含量 Pd/g	钯含量，仅填写数字
A22.45.18	贵金属含量 Rh/g	铑含量，仅填写数字
A22.45.19	载体形状	图片
A22.45.20	载体生产厂打刻内容图片	图片
A22.45.21	涂层生产厂打刻内容图片	图片
A23	**添加剂**	
A23.1	名称	添加剂名称
A23.2	类别	添加剂类别，如无金属离子添加剂
A23.3	添加位置	燃油中 / 独立添加剂罐等
A23.4	添加比例	比值
A23.5	起燃温度	根据实际情况进行填写
A23.6	监控传感器	根据实际情况进行填写
A23.7	成分	添加剂成分
A23.8	有可能产生的非常规污染物	按照描述内容填写污染物名称
A24	**颗粒物控制装置控制单元**	
A24.1	型号	颗粒物控制装置控制单元型号
A24.2	生产厂	颗粒物控制装置控制单元生产企业名称
A24.3	软件标定号	颗粒物控制装置控制单元软件标定号
A24.4	文件	按照要求上传
A25	**其他装置**	
A25.1	型号	根据实际情况进行填写
A25.2	生产厂	根据实际情况进行填写
A25.3	系统说明	描述系统作用
A25.4	系统描述	描述系统结构

附录 B　机械信息公开材料模板

编号	项目	填写内容
A1	**概述**	
A1.1	内部编号	由企业制定的内部编号
A1.2	机械型号	表征机械性能、规格的一组字母数字组合
A1.3	机械名称	机械产品的名称
A1.4	制造商名称	从已备案信息中选择
A1.5	生产厂地址	机械实际生产地址
A1.6	商标	指产品商标，从商标备案信息中选择
A1.7	商标示意图	图片
A1.8	机械系族名称	指按照 HJ 1014—2020 第 10.1 条规定划分的系族，从机械系族备案信息中选择
A1.9	机械分类 - 大类	工程机械 / 农业机械 / 林业机械 / 渔业机械 / 矿山机械 / 发电机组 / 其他
A1.10	机械分类 - 大类为其他时补充填写	工业钻探设备 / 材料装卸机械 / 雪犁装备 / 机场地勤设备 / 空气压缩机 / 水泵 / 其他
A1.11	机械分类 - 小类（参考工程机械的 20 大类、农业机械的 15 大类、林业机械等分类原则）	参考工程机械的 20 大类、农业机械的 15 大类、林业机械等分类原则
A1.12	机械铭牌的安装方式及位置	简洁描述机械铭牌在机械的具体位置及安装方式（如驾驶室右下方机架处）
A1.13	环保信息标签位置	简洁描述环保信息标签在机械的具体位置（如驾驶室右下方机架处）
A1.14	环保信息标签示意图	图片
A1.15	机械环保代码在机体上的打刻位置	简洁描述机械环保代码在机械的具体打刻位置
A1.16	或机械环保代码在机体上的打刻示意图	图片
A1.17	排放控制诊断系统（NCD/PCD/NCD+PCD 系统）接口位置	描述接口位置（如驾驶舱尾部箱内部左侧或驾驶舱方向盘下）
A1.18	排放控制诊断系统（NCD/PCD/NCD+PCD 系统）接口替代位置	描述接口替代位置（如驾驶舱尾部箱内部左侧或驾驶舱方向盘下）
A1.19	排放控制件位置示意图（比例示意图、图纸、照片，至少应明确发动机、后处理装置的相对位置）	图片

续表

编号	项目	填写内容
A1.20	外形照片（右前侧 45°）	图片
A1.21	外形尺寸（长 × 宽 × 高）/（mm × mm × mm）	指机械的外形尺寸
A1.22	最大设计总质量 /kg	可参考《土方机械　整机及其工作装置和部件的质量测量方法》（GB/T 21154—2014），填写工作质量与额定有效质量之和
A1.23	是否属于混合动力	是 / 否
A1.24	是否有多种运行模式	HJ 1014—2020 第 4.4.3 规定的内容，指机械是否有经济模式，动力模式，普通模式等
A1.25	多种运行模式相关描述	指 HJ 1014—2020 第 A.3.7 规定的内容
A2	**机械改装**	
A2.1	是否改装	是 / 否
A2.2	底盘 / 原机械	
A2.2.1	底盘 / 原机械型号	底盘 / 原机械产品型号
A2.2.2	底盘 / 原机械生产厂	底盘 / 原机械的生产厂名称
A2.2.3	底盘 / 原机械分类	工程机械 / 农业机械 / 林业机械 / 渔业机械 / 矿山机械 / 发电机 / 其他
A2.2.4	底盘 / 原机械名称	底盘 / 原机械产品名称
A3	**混合动力**	
A3.1	概述	
A3.1.1	操作模式开关（动力切换开关）	有 / 无
A3.1.2	示意图	图片
A3.1.3	混合动力类型	可外接充电，无手动选择运行模式功能 / 可外接充电，有手动选择运行模式功能 / 不可外接充电，无手动选择运行模式功能 / 不可外接充电，有手动选择运行模式功能
A3.1.4	纯电动模式	有 / 无
A3.1.5	纯燃料消耗模式	有 / 无
A3.1.6	混合动力驱动的联接方式	串联 / 并联 / 混动式
A3.2	机械整机控制器	
A3.2.1	机械整机控制器型号	机械整机控制器型号
A3.2.2	机械整机控制器生产厂	机械整机控制器生产厂

续表

编号	项目	填写内容
A3.2.3	机械整机控制器型号、生产厂名称标识内容	生产厂关于型号、名称部分打刻在机械整机控制器上的内容
A3.2.4	或机械整机控制器型号、生产厂名称标识内容示意图	图片
A3.3	电动机	
A3.3.1	电动机型号	电动机型号
A3.3.2	电动机生产厂	电动机生产厂
A3.3.3	电动机型号、生产厂名称标识内容	生产厂关于型号名称部分打刻在电动机上的内容
A3.3.4	或电动机型号、生产厂名称标识内容示意图	图片
A3.4	电机控制器	
A3.4.1	电机控制器型号	电机控制器型号
A3.4.2	电机控制器生产厂	电机控制器生产厂
A3.4.3	电机控制器型号、生产厂名称标识内容	生产厂关于型号、名称部分打刻在电机控制器上的内容
A3.4.4	或电机控制器型号、生产厂名称标识内容示意图	图片
A3.5	储能装置	
A3.5.1	储能装置型号	储能装置型号
A3.5.2	储能装置生产厂	储能装置生产厂
A3.5.3	储能装置型号、生产厂名称标识内容	生产厂关于型号名称部分打刻在储能装置上的内容
A3.5.4	或储能装置型号、生产厂名称标识内容示意图	图片
A4	**发动机、进排气系统**	
A4.1	发动机系统	
A4.1.1	型号	调用发动机数据
A4.1.2	制造商名称	调用发动机数据
A4.1.3	工作原理	调用发动机数据
A4.1.4	工作方式	调用发动机数据
A4.1.5	额定净功率 / 转速 /（kW 或 r/min）	调用发动机数据

续表

编号	项目	填写内容
A4.1.6	最大净扭矩或转速 /（N · m 或 r/min）	调用发动机数据
A4.1.7	发动机排量 /cm^3	调用发动机数据
A4.1.8	工作循环	调用发动机数据
A4.1.9	气缸数目	调用发动机数据
A4.1.10	排气后处理系统型式	调用发动机数据
A4.2	进气系统	
A4.2.1	进气系统概述	
A4.2.1.1	机械最大进气系统阻力 /kPa	仅支持填写数字
A4.2.1.2	空气滤清器	有 / 无
A4.2.1.3	进气消声器	有 / 无
A4.2.1.4	中冷器	调用发动机数据
A4.2.1.5	中冷器型式	调用发动机数据
A4.2.2	空气滤清器	
A4.2.2.1	空气滤清器型号	空气滤清器型号
A4.2.2.2	空气滤清器生产厂	空气滤清器生产厂
A4.2.2.3	空气滤清器型号、生产厂名称标识内容	空气滤清器型号、生产厂名称标识内容
A4.2.2.4	或空气滤清器型号、生产厂名称标识内容示意图	或空气滤清器型号、生产厂名称标识内容示意图
A4.2.3	进气消声器	
A4.2.3.1	进气消声器型号	进气消声器型号
A4.2.3.2	进气消声器生产厂	进气消声器生产厂
A4.2.3.3	进气消声器型号、生产厂名称标识内容	进气消声器型号、生产厂名称标识内容
A4.2.3.4	或进气消声器型号、生产厂名称标识内容示意图	或进气消声器型号、生产厂名称标识内容示意图
A4.2.4	中冷器	
A4.2.4.1	中冷器型号	中冷器型号
A4.2.4.2	中冷器生产厂	中冷器生产厂
A4.2.4.3	中冷器型号、生产厂名称标识内容	中冷器型号、生产厂名称标识内容
A4.2.4.4	或中冷器型号、生产厂名称标识内容示意图	或中冷器型号、生产厂名称标识内容示意图
A4.3	排气系统	

续表

编号	项目	填写内容
A4.3.1	排气系统概述	
A4.3.1.1	机械最大排气背压 /kPa	仅支持填写数字
A4.3.1.2	实际完整的排气系统容积（机械与发动机系统）/dm^3	指发动机排气歧管或增压器出口凸缘处法兰至排气系统通大气出口处的管路容积。仅支持填写数字
A4.3.1.3	排气系统描述	描述排气系统的结构
A4.3.1.4	排气系统示意图	图片
A4.3.1.5	不属于发动机系统的排气系统部分的说明	指发动机排气后处理装置出口到大气的管路
A4.3.1.6	不属于发动机系统的排气系统部分的图纸	图片
A4.3.1.7	排气消声器	有 / 无
A4.3.2	排气消声器	
A4.3.2.1	排气消声器型号	排气消声器型号，如消声器与后处理装置集成在一起，可与后处理装置使用相同型号，也可使用独立型号
A4.3.2.2	排气消声器生产厂	排气消声器生产厂
A4.3.2.3	排气消声器型号、生产厂名称标识内容	生产厂关于型号名称部分打刻在排气消声器上的内容
A4.3.2.4	或排气消声器型号、生产厂名称标识内容示意图	图片
A4.3.3	排气管	
A4.3.3.1	排气管直径 /mm	指排气管尾管内径。仅支持填写数字
A4.3.3.2	排气管长度 /mm	指发动机排气歧管或增压器出口凸缘处法兰至排气系统通大气出口处的管路长度。仅支持填写数字
A4.3.4	后处理安装	
A4.3.4.1	后处理系统	有 / 无
A4.3.4.2	后处理安装位置	在排气管路中的位置和基准距离
A4.3.4.3	后处理安装示意图	图片
A4.3.4.4	热保护措施	指发动机或后处理装置的保温措施，填写有 / 无
A4.3.4.5	热保护措施描述	若有，简要描述热保护的措施

续表

编号	项目	填写内容
A5	NCD/PCD 系统	
A5.1	机械是否再次开机后启动驾驶性能限制系统	指 HJ 1014—2020 第 C5.8 条规定的情形。填写是 / 否
A5.2	信号指示灯的说明	指 NCD、PCD 信号指示灯，可参考 HJ 1014—2020 第 C.4 条、D.4 条规定
A5.3	信号指示灯图纸	图片
A5.4	驾驶员报警系统	指系统的报警方式，如信号指示灯、短信息（HJ 1014—2020 第 C4.3 条）、声音（HJ 1014—2020 第 C4.4 条）或其他方式
A6	远程车载终端	
A6.1	远程车载终端型号	远程车载终端型号
A6.2	远程车载终端生产厂	远程车载终端生产厂
A6.3	远程车载终端安装位置	描述车载终端的具体安装位置
A6.4	远程车载终端安装位置示意图	图片
A7	燃油箱	
A7.1	燃油箱数量	安装在机械上的燃油箱总数
A7.2	各燃油箱容积 /L	仅支持填写数字
A7.3	燃油箱总容积 /L	仅支持填写数字
A7.4	燃油箱材料	金属 / 塑料 / 其他
A7.5	燃油箱示意图	图片
A7.6	燃油箱安装位置	描述燃油箱的具体安装位置
A8	反应剂罐	
A8.1	反应剂罐有无	
A8.1.1	反应剂罐	有 / 无
A8.2	反应剂信息	
A8.2.1	反应剂类型	尿素水溶液、固态反应剂、其他
A8.2.2	反应剂罐数量	仅支持填写数字
A8.2.3	各反应剂罐容积 /L	仅支持填写数字
A8.2.4	反应剂罐总容积 /L	仅支持填写数字
A8.2.5	反应剂罐材料	金属 / 塑料 / 其他
A8.2.6	反应剂罐示意图	图片
A8.2.7	反应剂罐安装位置	描述反应剂罐的具体安装位置

续表

编号	项目	填写内容
A8.2.8	反应剂使用说明标签	有 / 无
A8.2.9	反应剂罐	加热 / 非加热
A8.2.10	反应剂喷射系统	加热 / 非加热
A9	**传动系**	
A9.1	概述	
A9.1.1	离合器型式	电磁离合器 / 磁粉离合器 / 摩擦式离合器 / 液力离合器
A9.1.2	档位数	填写数字
A9.2	变速箱	
A9.2.1	变速箱型式	MT/AT/AMT/DCT/CVT 等
A9.2.2	变速箱型号	变速箱型号
A9.2.3	变速箱生产厂	变速箱生产厂
A10	**降噪措施**	
A10.1	降噪方式	吸音 / 隔音
A10.2	隔音材料（发动机舱）	玻璃棉 / 海绵等
A11	**企业需提交资料清单及要求**	
A11.1	排放质保零部件清单	文件
A11.2	失效策略合规声明（加盖公章并扫描成 PDF）	文件，指企业按照 HJ 1014—2020 第 5.1.2.5 条规定的情形进行合规声明
A11.3	根据 HJ 1014—2020 第 5.7.7 条提供车载终端或精准定位系统防拆除技术措施说明	文件
A11.4	钒基催化器机械声明	文件，指企业按照 HJ 1014—2020 第 5.1.4 条规定的情形进行声明